快乐读书

看看我们的地球

四年级

李四光 / 著　爱德教育 / 编

山西出版传媒集团

山西人民出版社

图书在版编目（CIP）数据

看看我们的地球 / 李四光著 ；爱德教育编 . -- 太原 ： 山西人民出版社， 2023.11（2025.3 重印）
ISBN 978-7-203-13115-1

Ⅰ．①看… Ⅱ．①李… ②爱… Ⅲ．①地球科学－普及读物 Ⅳ．① P-49

中国国家版本馆 CIP 数据核字 (2023) 第 198229 号

看看我们的地球
KANKAN WOMEN DE DIQIU

著　　者：李四光
编　　者：爱德教育
责任编辑：孙　琳
复　　审：崔人杰
终　　审：梁晋华
装帧设计：爱德教育

出 版 者：山西出版传媒集团·山西人民出版社
地　　址：太原市建设南路 21 号
邮　　编：030012
发行营销：0351－4922220 4955996 4956039 4922127（传真）
E－mail：sxskcb@163.com　发行部
　　　　　sxskcb@126.com　总编室
网　　址：www.sxskcb.com

经 销 者：山西出版传媒集团·山西人民出版社
承 印 厂：武汉新鸿业印务有限公司

开　　本：710mm×1000mm　1/16
印　　张：12.5
字　　数：150 千字
版　　次：2023 年 11 月　第 1 版
印　　次：2025 年 3 月　第 4 次印刷
书　　号：ISBN 978-7-203-13115-1
定　　价：26.00 元

如有印装质量问题请与本社联系调换

前 言

　　新版语文教材和《义务教育语文课程标准》对学生的课外阅读给予高度重视，这提示我们，阅读课外书不再是语文学习中可有可无的要求，而是学生学好语文和提高语文素养的关键，也是学好其他各门学科的基础。

　　因此，我们将本套丛书中涉及的阅读方法，按照低、中、高年级三个学段进行了梳理。

年 级	阅读方法
低年级（一、二年级）	1. 学会以下阅读方法： （1）学会识读封面：识读书名、作者，借助封面上的书名和图画，了解书中的大概内容。 （2）学会看目录：借助目录，初步了解书中各章节的内容，挑选自己喜欢的内容进行阅读。 （3）学会看插图：观察插图，直观地了解书中的人物和情节。
	2. 积累好词、好句。
	3. 简单认识人物，了解故事情节。
中年级（三、四年级）	1. 了解童话、寓言、神话、科普著作等不同体裁的特征。 （1）童话：阅读童话时，要充分发挥想象，感悟生活的真谛，领悟做人的道理。 （2）寓言：阅读寓言时，要先读懂故事内容，再联系生活实际，体会寓言所揭示的道理。

	（3）神话：阅读神话时，要了解故事的起因、经过、结果，学习把握主要内容，感受神话中神奇的想象和鲜明的人物形象。
中年级 （三、四年级）	（4）科普著作：用批注的形式列出举例子、列数字、打比方、作比较、下定义、分类别、作引用等说明方法，梳理说明的内容结构。
	2. 了解人物性格，梳理故事情节。
	3. 学会作批注。
	4. 摘抄书中的好词、好句、好段，并说出理由。
	5. 写读后感。
高年级 （五、六年级）	1. 了解民间故事和章回体小说的文体特征。
	2. 学会建立小说中主要人物的档案。
	3. 学会理清人物关系，制作人物关系图谱。
	4. 梳理故事情节，学会建立情节档案。
	5. 学会作批注，做读书笔记（摘抄）。
	6. 学会写读后感。

为了让学生快速掌握以上阅读方法，我们选取具有代表性的经典内容，将这些阅读方法穿插其中。

我们衷心祝愿，每一个阅读这套丛书的学生都能学会阅读、爱上阅读，从而培养良好的阅读习惯、健康的人格和独立思考的能力。

目 录

看看我们的地球

阅 读 指 导

　　本文是李四光教授为少年儿童写的一篇科学小品文章，于1959年10月由上海少年儿童出版社出版，刊在《科学家谈二十一世纪》一书中。文中深入浅出地介绍了地球的结构，地球在太阳系中的位置，以及与地球的起源相关的学说。文章的结尾对未来人类科学事业的发展寄予了厚望。小读者们，赶紧一起来读一读吧！

　　地球是围绕太阳旋转的九大行星之一，它是一个离太阳不太远也不太近的第三颗行星。它的周围有一圈大气，这圈大气组成它的最外一层，就是气圈。在这层下面，就是有些地方是由岩石造成的大陆，大致占地球总面积的3/10，也就是石圈的表面。其余的7/10都是海洋，称为水圈。水圈的底下也都是石圈。不过，在大海底下的这一部分石圈的岩石，它的性质和大陆上露出的岩石的性质一般是不同的。大海底下的岩石重一些、

"九大行星"，过去流行的一种说法，指围绕太阳旋转的内行星，按照离太阳的距离从近到远，它们依次为水星、金星、地球、火星、木星、土星、天王星、海王星和冥王星。2006

年，冥王星被划分为"矮行星"，从九大行星中除名，所以现在太阳系中仅有八颗行星。

黑一些，大陆上的岩石比较轻一些，一般颜色也淡一些。

石圈不是由不同性质的岩石规规矩矩造成的圈子，而是在地球出生和它存在的几十亿年的过程中，发生了多次的翻动，原来埋在深处的岩石，翻到地面上来了。这样我们才能直接看到曾经埋在地下深处的岩石，也才能使我们想象到石圈深处的岩石是什么样子。

随着科学不断地发展，人类对自然界的了解是越来越广泛和深入了，可是到现在为止，我们的眼睛所能钻进石圈的深度，顶多也还不过十几千米。而地球的直径却有着12000多千米呢！就是说，假定地球像一个大皮球那么大，那么，我们的眼睛所能直接和间接看到的一层就只有一张纸那么厚。再深些的地方究竟是什么样子，我们有没有什么办法去勘察呢？有。这就是靠由地震的各种震波给我们传送来的消息。不过，通过地震波获得有关地下情况的消息，只能帮助我们了解地下的物质的大概样子，不能像我们

"地震波"，由于地震而产生的向四外传播的波动。主要分为横波和纵波两种。

在地表所看见的岩石一样那么清楚。

地球深处的物质，与我们现在生活上的关系较少，和我们关系最密切的，还是石圈的最上一层。我们的老祖宗曾经用石头来制造石斧、石刀、石钻、石箭等从事劳动的工具。今天我们不再需要石器了，可是，我们现在种地或在工厂里、矿山里劳动所需的工具和日常需要的东西，仍然还要从石圈里获取原料。随着人类的进步，向石圈索取这些原料的数量和种类越来越多了，并且向石圈探查和开采这些原料的工具和技术，也越来越进步了。

最近几十年来，人们从石圈中不断地发现了各种具有新的用途的原料。比如能够分裂并大量发热的放射性矿物，如铀、钍等类，我们已经能够加以利用，例如用来开动机器、促进庄稼生长、治疗难治的疾病，等等。将来，人们还要利用原子能来推动各种机器和一切交通运输工具的发展，要它们驯服地为我们的社会主义建设服务。

这样说来，石圈最上层能够给人类利用的各种好东西是不是永远取之不尽的呢？不

"放射性"，某些元素(如镭、铀等)的不稳定原子核自发地放出射线而衰变的性质。

设问句。通过自问自答的方式引出下文，起到强调作用。运用设问，能起到层次分明、突出内容的作用。

是的。石圈上能够供给人类利用的各种矿物原料，正在一天天地少下去，而且总有一天要用完的。

那么怎么办呢？一个办法，是往石圈下部更深的地方获取原料，这就要靠现代地球物理探矿、地球化学探矿和各种新技术部门的工作者们共同努力。另一个办法，就是继续找寻和利用新的物质和动力的来源。热就是便于利用的动力根源。比如近代科学家们已经接触到了的好些方面，包括太阳能、地球内部的巨大热库和热核反应热量的利用，甚至有可能在星际航行成功以后，在月亮和其他星球上开发可能利用的物质和能源，等等。

关于太阳能和热核反应热量的利用，科学家们已经进行了较多的工作，也获得了初步的成就。对其他天体的探索研究，也进行了一系列的准备工作，并在最近几年中取得了一些重要的进展。有关利用地球内部热量的研究，虽然也早为科学家们所注意，并且也已做了一些工作，但是到现在为止，还没有进入大规模利用地热的阶段。

"探矿"，根据矿床生成的原理，采用一定的方法寻找矿藏。

拟人，运用拟人的修辞手法，把"地下的大量热量"人格化，使文章更加生动，给人留下深刻的印象。

人们早已知道，越往地球深处，温度越加升高，大约每往下降 33 米，温度就升高 1℃（应该指出，地球表面的热量主要是靠太阳送来的热）。就是说，地下的大量热量，正闲得发闷，焦急地盼望着人类及早利用它，让它也沾到一分为人类服务的光荣。

怎样才能达到这个目的呢？很明显，要靠现代数学、化学、物理学、天文学、地质学以及其他科学技术部门的共同努力。而在这一系列的努力中，一项重要而首先要解决的问题，就是要了解清楚地球内部物质的结构和它们存在的状况。

地球内部那么深，那么热，我们既然钻不进去，摸不着，看不见，也听不到，那么怎么能了解它呢？办法是有的。我们除了通过地球物理、地球化学等对地球的内部结构进行直接的探索研究以外，还可以通过各种间接的办法来对它进行研究。比如，我们可以发射火箭到其他天体去发生爆炸，通过远距离自动控制仪器的记录，可以得到有关那个天体内部结构的资料。有了这些资料，我们就可以进一步用比较研究的方法，了解地

举例子。列举了了解地球内部结构的方法，即通过具体的实例进行阐释，便于读者理解。

球内部的结构，从而为我们利用地球内部储存的大量热量提供可能。

在这些工作获得成就的同时，现时仍然作为一个谜的有关地球起源的问题，也会逐渐得到解决。到现在为止，地球究竟是怎样来的，人们做了各种不同的猜测，各人有各人的说法，各人有各人的理由。在这许多的看法和说法中，主要的要算下述两种：一种说法，地球是从太阳分裂出来的，原先它是一团灼热的熔体，后来经过长期的冷缩，固结成了现今具有坚硬外壳的地球。直到现在，它里边还保存着原有的大量热量。这种热量也还在继续不断地慢慢变冷。另一种说法，地球是由小粒的灰尘逐渐聚合固结起来形成的。他们说，地球本身之所以能产生热量，是由于组成地球的物质中有一部分放射性物质，它们不断分裂而放出大量热量。随着这种放射性物质不断地分裂，地球的温度在现时可能渐渐增高，但到那些放射性物质消耗到一定程度的时候，就会逐渐变冷下去。

少年朋友们，从这里看来，到底谁长谁

想一想，试着总结并复述一下这两种看法的具体内容吧！

短，就得等你们将来成长为科学家的时候，再提出比我们这一代科学家更高明的意见。

我相信，等到你们成长为出色的科学家，和跟着你们学习的下一代和更下一代的年轻科学家们来到世界的时候，人们一定会掌握更丰富、更确切的资料，也更广泛、更深入地了解了地球本身和我们太阳系的过去和现在的状况。这样，你们就有可能对地球起源的问题得出比较可靠的结论。

查一查，了解一下我国科学家对地球起源问题的最新研究成果，并和同学们讨论讨论。

也可以相信，再经过多少年，人类必定会胜利地实现到星际去旅行的理想。那时候，一定会在其他天体上面发现许多新的生命和更多可以为我们所利用的新的物质，人类活动的领域将空前地扩大，接触的新鲜事物也将无穷无尽。这一切，都必定使人类的生活更加美好，使人类的聪明才智比现在不知要高多少倍，人类的寿命也会大大地延长，大家都能活到一百几十岁到两百岁或者更高的年龄。到那个时候，今天那些能够活到七八十岁的老人，在这些真正高龄的老爷爷眼前，他们也就像你们的教师在今天的老人前面一样，要变成青年人了。

少年朋友们，你们想想，这么大的变化，多有意思啊！

我们不能光是伸长脖子，窥测自然界奇妙的变化，我们还要努力学习，掌握那些变化的规律，推动科学更快地前进，来创造幸福无穷的新世界。

"窥测"，窥探推测。

从地球看宇宙

阅读指导

　　该书为《天文、地质、古生物资料摘要（初稿）》的节选，文中引述了天文、地质、古生物等方面的有关资料，阐述了地质科学在其发展过程中所存在的一些问题，并提出了一些见解。

"剖面"，物体切断后呈现出的表面，如球体的剖面是个圆形。剖面，也叫截面、切面或断面。

　　在宇宙空间中，分散着形形色色的天体和物质，它们都在运动，都在变化。就某种特定的形态而言，有的正在生长，有的达到了成熟的阶段，有的已经消逝。我们今天看到的宇宙，是其中每一团、每一点物质，在有关它们各自历史发展过程中的一个剖面的总和。这个总和，不仅具有空间的意义，而且具有时间的意义。其之所以具有时间意义，是因为分布在宇宙空间的天体和物质，距我们有的比较近，有的很远很远，尽管光的速度很快，可是这些光传递到地球需要长短不等的时间。因此，我们同一时间，通过它们各自发出的辐射所获得的印象，是前前后后相差很远很远的时间的印象总合起来的一幅图像，在这段相差很远很远的时间中，不但恒星、星系等的形象有所变化，它们彼此的相对位置，在几十万年，甚至几万年中，也大不相同。可以断定，今天我们所见到的天空的面貌，不是天空今天真正的面貌，有的已成过去，有些新生的东西，还要等待很久很久以后，才能在地球上看见。

银河系的外形像一个中间厚、边缘薄的扁平盘状体。圆盘部分称为银盘。银盘由恒星、尘埃和气体组成，是银河系的主要组成部分。在银河系中可探测到的物质中，有九成都在银盘范围以内。银盘外形如薄透镜，以轴对称形式分布于银河系中心周围，其中心厚度约1万光年，不过这是微微凸起的核球的厚度，银盘本身的厚度只有2000光年，直径近10万光年，总体而言，银盘非常薄。太阳系位于银盘以内，距银河系中心约2.5万光年处。

天文工作者用来衡量宇宙空间距离的单位之一是光年。光的速度是每秒

"银河系"，宇宙中的一个大的恒星系，由1000亿颗以上的大小恒星和无数星云、星团构成，形状像怀表，中心厚，直径为8万光年。

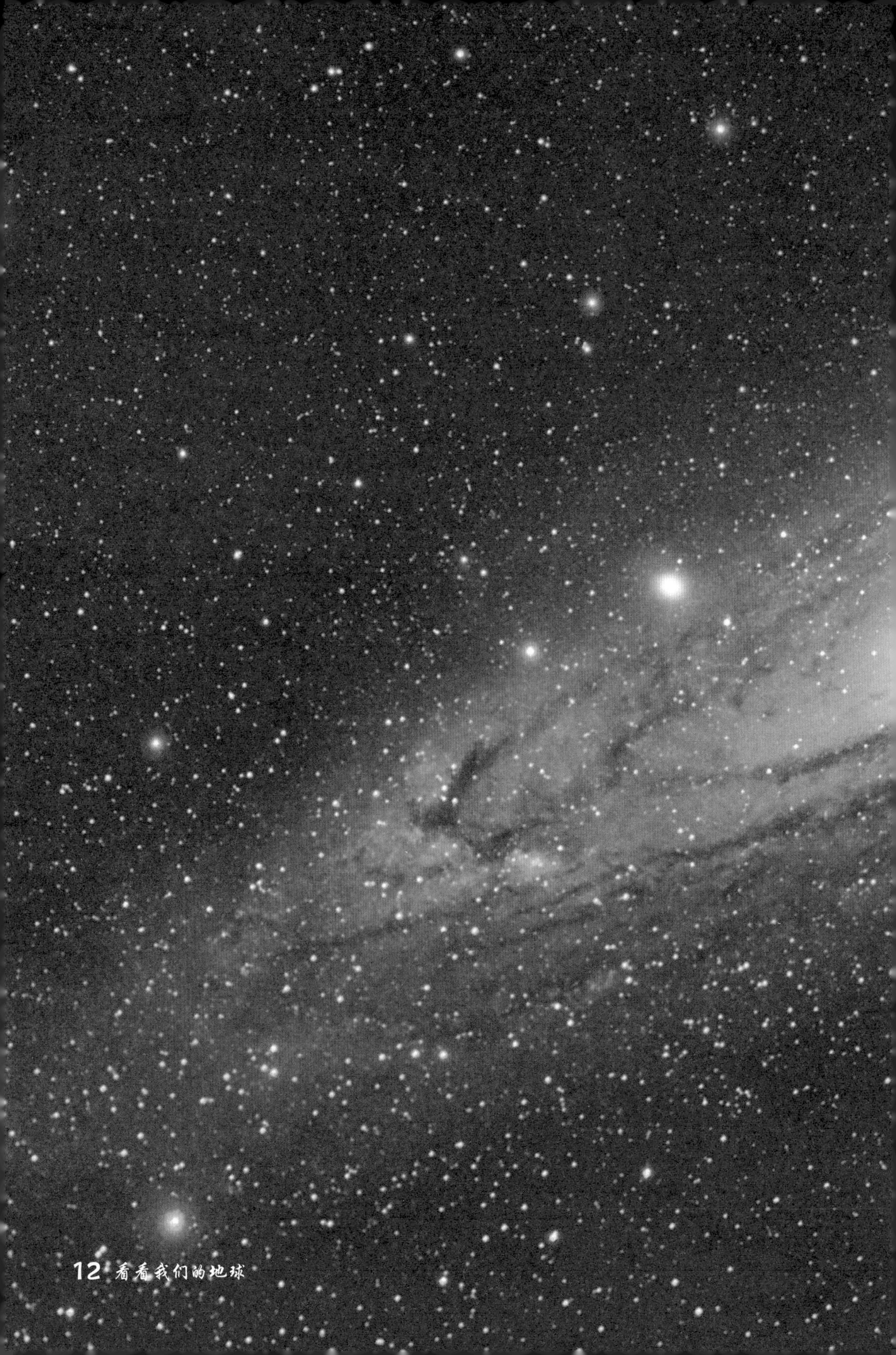

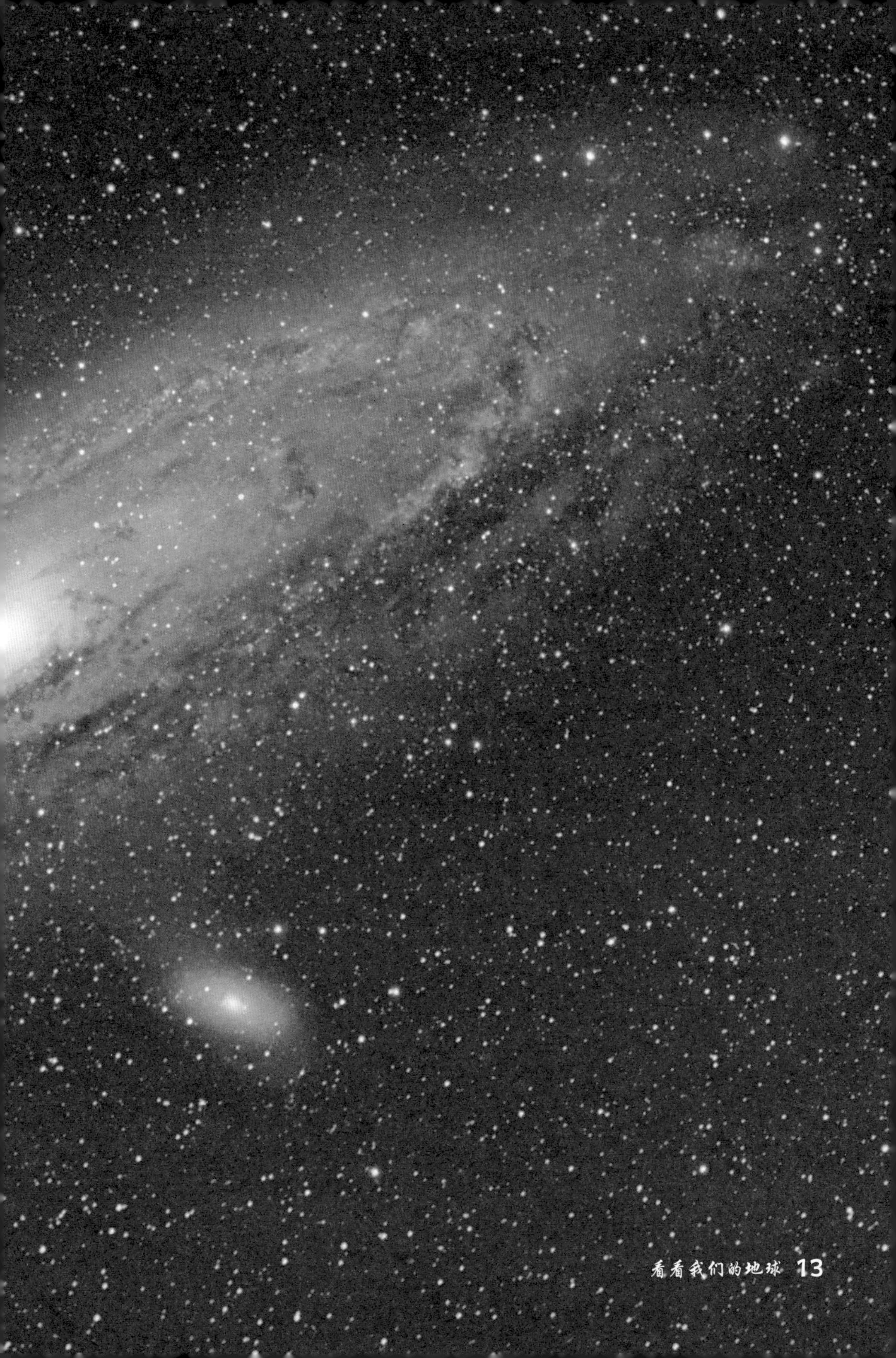

作者对"光年"作出了精准地概括及描述。想提升精准描述的写作能力，平时就要注重延伸阅读和积累。

2.997925 × 10⁵千米(约30万千米/秒)，一年的时间内光的行程叫作一光年，即 9.46 × 10¹²千米(近10万亿千米)。近代天文工作者们用来观察宇宙的工具，有各种类型的望远镜，其中有大型反射镜，还有各种特制的光谱分析仪，可以用来测量发光天体的温度、组成物质和运动等。最近 20 年来，射电望远镜发展很快，这种工具的设计和使用，已经成了一项专业，叫作射电天文。射电"望远镜"实际上并不是什么望远镜，而是装上了特殊形式天线的无线电波接收器。第二次世界大战的后期，已经有人利用雷达装置侦察来袭的飞机和导弹，现在的射电望远镜，就是在雷达接收装置基础上发展起来的。射电望远镜能探测的电磁波范围，和光学望远镜不同，所以它不能代替光学望远镜所能做的工作。

"电磁波"，在空间传播的周期性变化的电磁场。

　　射电望远镜有很大的碟形盘，以采集从遥远太空的天体到达地球的射线。射电望远镜与一系列碟形盘相连，这些碟形盘可以共同提供一张更为清晰的太空照。

　　天文工作者们使用这些工具探索宇宙物

质形态和运动已经多年了，他们逐步摸索出来一些观测和研究方法，获得了一些比较可靠的成果。

最近，宇宙飞行技术的发展，对天体，特别是对我们太阳系成员的研究（包括行星、卫星和彗星），提供了新的途径，发挥了其他方法所不能起的作用。对于恒星的观测，也起了某种作用，因为在地球大气之外，能接收和分析那些被地球大气滤掉而不能到达地面的 X 射线、γ 射线、远紫外辐射等。

"彗星"，指绕着太阳旋转的一种星体，通常在背着太阳的一面拖着一条扫帚状的长尾巴，体积很大，密度很小。

地质事实说地球年龄

阅读指导

　　本文为《地球的年龄》一书第三章的后半部分节选。作者从地质事实角度提出了对地球年龄的看法，通过对地质学家和天文学家的研究方法和结论的比较，得出结论，认为确定地球年龄，还是应该从地质学角度入手。

"年限"，规定的或作为一般标准的年数。

　　地质学家求最近冰期距现今的年限，共有几种方法。这几种方法之中，似乎以德基耳（De Geer）所用的最为精密而且最有趣味。在第四期的初期，挪威与瑞典全土，连波罗的海一带，都埋在冰里，前已说过。后来北半球的气候渐渐温和，那个大冰块的南面，逐年往北方退缩。当其退缩的时候，每年留下纪念品，所谓纪念品，就是粗细相间的停积物。

　　当春夏的时候，冰头渐渐融解。其中所含的泥土沙砾，随着冰释而成的水向海里流去。粗的质料，比如沙砾，一到海边就要沉下。而较细的质料，悬在水中较久，春夏流水搅动的时候，至少有一部分极细的泥土不能沉淀。到秋冬的时候，冰头冻了，水流止了，自然没有泥土沙砾流到海里来。于是乎水中所含的极细的泥土，也可渐渐沉下，造成一层极纯净的泥，覆于春夏时所停积的沙砾之上。到明年<u>交春</u>，冰又渐渐融解，海边停积的情形又如去年。所以每一年停积一层较粗的东西和一层较细的东西。年复一年，冰头渐往北方退缩，这样粗细相间的停积物，也随着冰头，渐向北方退缩，层上一层，好像屋上的瓦似的。

德氏做了许多苦工，从瑞典南部的斯堪尼亚（Scania）海岸数起，数了3.5万层泥，属于冰期的末造。由冰期以后，一直到今日，约计有7000层的停积。然则由冰头退抵斯堪尼亚到今天，一共经过了1.2万年。斯堪尼亚以南的停积，为波罗的海所掩盖，德氏的方法，不能适用。再南到德国的境界，这个方法也未曾试过。冰头往北方退缩的速度，前后仿佛不是一致的，愈到北方，有退缩愈急的情形。比如在瑞典首都斯

"交春"，指立春，是二十四节气之首。二十四节气表明气候变化和农事季节，在农业生产上有重要的意义。

"开氏"，指开尔文男爵威廉·汤姆森。开氏是英国物理学家、发明家。开尔文也是热力学温度单位，简称开。这个单位名称正是为了纪念汤姆森而定。当时的地质学家一般认为开氏所定的地球年龄过短。

德哥尔摩（Stockholm），退缩的速度，比在斯堪尼亚已经快了5倍。按这样推想，冰头在斯堪尼亚以南的时候，比在斯堪尼亚应该还要慢些，所以要退出与在斯堪尼亚相等的距离，恐怕差不多要2500年。那有名的地质学家索拉斯（Sollas），以这种议论为根据，暂定由最后的冰势最盛时代，到它退到瑞典南岸所费的年限为5000年，然则由最后冰期中，冰势的全盛时代到现在，至少在1.5万年以上，实数大约在1.7万年。在澳大利亚南部，地质学家用别种方法，求出当地从最后冰期到现在所经历的年数，也是1.5万~2.0万年。两处的年数，无论是否偶然相合，总可算得一致。那么，我们应该承认这个数目有点儿价值。

现在我们看天文学家的数目与地质学家的数目相差多少，至少要差6万年。我们知道德氏的方法，是脚踏实地，他所得的数目，是比较可靠的。然则开氏的数目，我们不能不丢下。况且按天文学的理论，地球不能南北两半球同时发生冰川现象，而在过去时代，我们所知道的三个冰期，都不限于南北某一半球。更进一层说，假若开氏的理论是对的，那么，地球在过去时代，不知已经过几十百回的冰期，何以地质学家在地球上各处找了数十百年，只发现三回冰期。如若说是冰期的遗迹没有保存，或者我们没有发现，这两句话未免太不顾地质学上的事实，也未免近于遁词。

原来地上的气候，与天文、地理、气象三项中许多的现象，有密切的关系。这三项现象，寻常互相调剂，所以地上气候温和。若是三项合起步调，向一方面走，那就能使极端热或极端冷的气候发生。比如，现在的西北欧，若没有湾流的调剂，虽不成冰期，恐怕与冰期的情形也要差不多了。总而言之，开氏一流天文学家所创的学说，如若不大加变更，大加修正，恐怕纯是纸上空谈，全以他们的理论为根据去定地球的年龄，正是所谓缘木求鱼的一场故事。

天文方面，既然不得要领，我们现在就要问地质学家，看他们有什么妥当的方法。

"遁词"，指因为理屈词穷而故意避开正题的话。

"缘木求鱼"，《孟子·梁惠王上》："以若所为，求若所欲，犹缘木而求鱼也。"用那样的办法来追求那样的目的，就像爬到树上去找鱼一样。比喻方向、方法不对，一定达不到目的。

地球热的历史说地球年龄

阅 读 指 导

　　本文为《地球的年龄》一书第六部分《据地球的热历史求它的年龄》一章的节选。地球为什么这样温暖？太阳的热力从哪里来？为什么科学家们能通过地球热的历史推断地球年龄？

　　地球上何以这样的暖？我们都知道是那太阳，从古至今，用它的热来接济我们。然则太阳里这样仿佛千古不变的热力是如何来的呢？这个问题，已经费了许多哲学家和物理学家的思索。他们的思想，从历史上看来，自然是极有趣味，可惜我们没有工夫详细地追究，现在只好说一个大概。

　　德国有名的哲学家莱布尼茨（Leibniz）同康德（Kant），都以太阳为一团大火，它所发散的热，都是因燃烧而生的。自燃烧现象经化学家切实解释以后，这种说法，当然不能成立。俟后迈尔（Mayer）观察摩擦可以生

"俟"，等待的意思。

热，所以他想太阳的热，也许是许多陨星常常向太阳里坠落的结果。但是据天文学家观察，太阳的周围，并非常常有星体坠落，假若往太阳里坠落的星体有非常之多，太阳的质量必要渐渐增加，这都是与事实相反的。

亥姆霍兹（Helmholtz）以为太阳的热是由它自己收缩发展出来的。太阳每年发散的热量，可由太阳的射热恒数（solar constant of radiation）求出。亥氏假定太阳当初是一团星云，渐渐收缩，到了今天，成一个球形，其中的质量极匀。他还算出太阳的直径每缩短1‰所生的热量，可与它每年所失的热量的 2 万倍相当。亥氏据此算出太阳的年龄，大约在 2000 万年以下。如若地球是从太阳里分出来的，当然地球的年龄，比 2000万年还少。开尔文（Kelvin）对于这个问题的意见，也与亥氏相似，不过他相信太阳的密度愈至内部愈大。

据物理家近来的研究，所有发射原质当发射之际，必发生热。又据分析日光的结果，我们早知道日中含有氦（He）质，所以我们敢断言太阳中必有发射原质。因此，有

"陨星"，指流星体经过地球大气层时，没有完全烧毁而落在地面上的部分。

"发射原质"，指放射性元素。

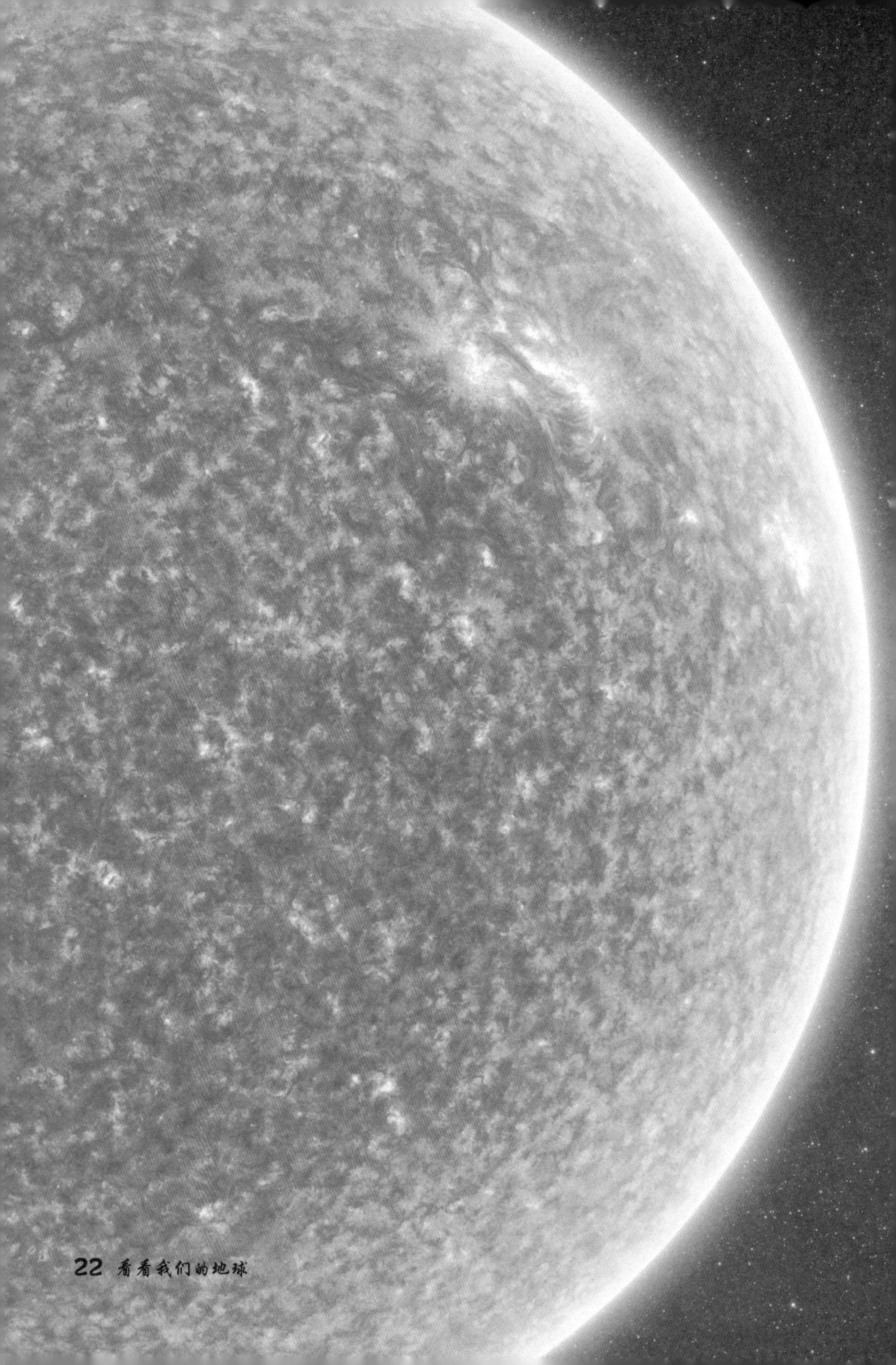

许多人怀疑发射作用为太阳发热的主因。据最近试验的结果，1000万克（grammes）的铀（U）质在"发射平衡"之下，每1点钟能产生77卡（calorie）的热，而同量的钍（Th）所发的热量不过26卡。太阳每1点钟每1立方米所发散的热，平均约300卡，这些热量，假若都是由太阳内的发射原质（如铀、钍等）里发出来的，那每1立方米的太阳原质中，应有400万克的铀。但是太阳平均每1立方米的质量只有 1.44×10^6 克，即令太阳的全体都是铀做成的，由这种物质所生的热仅能抵当它所消费的热量的1/3。所以以发射原质产生的热为太阳现在唯一的热源，所差未免太多。

据阿列纽斯（Arrhenius）的意见，太阳外面的色圈（chromosphere），大概都是单一的物质集合而成的。它的温度，在6000℃~7000℃。其下的映像圈（Photosphere）里的温度，或者高至9000℃。愈近太阳的中心，温度愈高，压力愈大。据阿氏的学说计算，太阳平均的温度比它外面色圈的温度应高1000倍。在这种情形之下，按勒夏特列（Le Chatelier）

"映像圈"，即光球，太阳大气的最里层，太阳的光大部分从这里发出，肉眼看到的太阳就是这一层，太阳黑子和光斑等也都出现在这里。

的原则推测，太阳中部应有特别的化合物，时时冲到外部，到温度较低的地方爆裂，因之生热。我们用望远镜往往看见太阳的表面有凸起的地方，或许就是这种冲出的气疣。这种情形如果属实，那是我们现在从热的方面，无法算出太阳自有生以来所经历的年代。

关于这个问题，近年法国物理学家佩兰（Perrin）利用原子论和相对论做了一番有趣的计算。佩氏因为天文学家断定许多星云都是由氢气组成的，所以假定化学家所谓的种种元素都是由氢气凝结而成的。氢的原子量是 1.008，而氦的原子量是 4.00，那是由氢而变为氦，失掉若干质量，质量就是能力，这些能力当然都变成热。照这样计算，佩氏算出太阳的寿命为 10 万兆年，地球年龄的最大限度应为这个数目的若干分之一。但是我们若要从热的方面求地球自身的年龄，就不能不从地球自身的热量着想。

"兆"，数量单位，指一百万。

我们都知道到地下愈深的地方温度愈高。地温的增加率随深度的变化多少有点儿不同，浅处的增加率与深处的增加率当然也由此得知，只有秉持实事求是的原则，根据事实得出结论，才是比较可靠的。

不等。据各地方调查的结果，距地面不远的地方，平均约每深33米，温度增加1℃。

从这种事实，又从热能力衰退的原则着想，开尔文根据泊松（Poisson）的假说，追溯地球从前必有一个时期，热度极高，而且全体的热度均一，后来它的热能力渐渐发散，所以表面结壳，失热愈多，结壳愈厚。

地球之形状

阅读指导

　　本文于 1924 年刊于《太平洋》第四卷，第十号。关于地球年龄的讨论告一段落了，接下来，让我们继续跟随作者的脚步，从地球的形状、地壳、地质等方面进一步认识地球吧！

　　昔日人类智识幼稚之时，咸以为地为平形，天覆其上，四海寰其周，天圆地方之说，大约由是以起。巴比伦及希伯来之谈天者，皆主张与此类似之说。诗人荷马（Homer）亦道及"瀛寰"，其信地为平形，大海寰之，似无可疑。及人类智识渐渐进步，观察渐渐锐敏，乃逐渐识破地平之说与日常经验大相凿枘。如人由南往北，或由北往南，见北极星宿迁移高度；又如船舶之向大洋中进行者，于"海天相接"之处，逐渐落于水平线下，终至不可睹。其他尚有种种现象，皆足与人以地球之概念。首倡地形如球之说者，似为

"瀛寰"，指全世界。

"凿枘"，凿指卯眼，枘指榫头，凿枘相应，比喻彼此相合。大相凿枘，指格格不入。

"英里"，英美制长度单位，1英里等于5280英尺，合1.6093千米。

毕达哥拉斯（Pythagoras）。其后经亚里士多德（Aristotle）多方论证，地球之说，始能成立。亚氏复引数学家计算之结果，谓地球之周，约长40万司塔底亚（即4.6万英里），然当时信之者固寥寥也。

纪元前250年时，埃及学者埃拉托色尼（Eratosthenes）始计划一种方法，以实测地球之形状，其结果虽不精确，而其方法则传至今日，测地家咸袭用之。

依重力之法则及远心力之关系，牛顿断定地球应成扁球之状，扁球之短轴即旋转轴，赤道一带稍形隆起，其长轴与短轴之比应为230 ∶ 229。惠更斯（Huygens）亦依重力之关系，推测赤道之径稍大，两极之径稍小，其比应为579 ∶ 578。1735年，法国科学院之科学专家为考察地球究竟是否成一扁球起见，特别组织两支考察队，一赴秘鲁，测量赤道附近每一度所夹之弧长；一赴波罗的海北部之波的尼亚（Bothnia）湾，测量近于北极方面每一度所夹之弧长。以两方所得之结果相比较，乃得证实地球之形确属一种扁球，或与扁球类似之形状，赤道一带隆起

法国科学家为了考察地球的形状，组织了两支考察队去做实地研究，最终得出了相关的结论，这正是科学研究的过程。

之度较大。

自兹以后，地球为一种扁形球体之说，学者虽认为已经证实，然究竟成何种扁形，则仍属疑问。雅可比（K. G. Jacobi）从动力学方面证明匀质流体旋转之时，其平衡之形状，不限于扁球，椭球之三轴成某一定之比，并在某一定旋转之时间者，若依其最短之轴旋转，亦可入于平衡之状态。地球为三轴椭球之说，由是而得力学上的根据。唯地球既非匀质之流体，则雅氏之假定，似乎根本不能成立。况就现今大陆与海洋分配之情形而论，非独三轴椭球一见而知其不能与地球之表面符合，即任何数理上之形状，恐亦未能与地表实际之形状一致。

无已，吾人只可求一较为近似且较为简单之数理上的形式以为代表，是则舍扁球而外无他也。若由法、英、俄、印度、南非、秘鲁各处所测之子午弧线推算（照前法），则地球之短半径，亦即南北极方向之半径应为：6356583.8 米；地球之长半径，亦即赤道之半径应为：6378206.4 米；长短半径之比，亦即扁度应为：294.98 ：293.98。

关于地球之形状，据吾人所知，盖有如此。乃近日报传有某某三君，经数年研究之结果，否认地为圆形，并否认自转公转等事实，得某某商会之助，制成新式时辰表一架以定时刻，一若为世界上一大发明者。三君能将其破天荒之学说及其制造一公诸世乎？

"破天荒"，指事物第一次出现。

地壳的观念

阅 读 指 导

作者在文中对地壳的相关知识做了简要介绍。从本篇开始，我们一起来认真地读一读，了解一下什么是地壳吧。

人们都以为我们住在地壳的表面，实际上我们并非住在地面，却住在地中。我们的头上还有一层空气压着我们，包着我们。这层气壳的厚度，大致在三四百千米以上，不过愈向上走，气壳的密度愈小，压力也愈小，高到四五十千米的地方，气压已经比 1 厘米水银柱的压力还小。我们住在气壳底下，正和许多海洋生物住在海底，抑或蚯蚓之类住在土中相类。气壳的组成，并非上下一致的。下部氧气较多，所以生物得以存活。愈往上走，氮气愈多，到 100 千米以上，几乎完全是氮气。再往上是氦气（He），更往上氢气（H）成了主要的成分，严格地讲起来，

"氦"，气体元素，无色无味，在大气中含量极少，化学性质极不活泼。可用来填充电子管、气球、潜水服和飞艇等，也用于核反应堆和加速器等的保护气体，液态的氦常用作冷却剂。

这一圈大气，要算是地球的皮表，要算是地壳，但是因为流质的关系，普遍不认为它是地壳。我们不独不认大气层为地壳，连那海洋也不认为是地壳的一部分。

实际上所谓地壳者，虽无严密的定义，然大致可说是指地球上部由普通岩石组成者而言。普通人所见者，只是岩石层的表面。地质学家所见者，也不过从最新的地层到最老的地层以及各种所谓火成岩，一名凝结岩。那些极新的地层到极老的地层在一个地域总共的厚度，至多也不过20余千米。然则我们怎样知道地下还有类似地表的岩石？又怎样知道这些岩石往下伸展到一定的厚度？更怎样知道地下是固质或液质抑或气质造成的？这些问题如果都是悬案，我们有何理由说出地壳的名词？

然而地壳的名词，久已被人用了。地壳上的人们，不见得对于地壳有极明显的了解。只是揣想着地下的材料总和在地表露出的材料不同。这种观念的发动，大约一面受了星云学说的影响，一面又因为火成岩和地温的分配，似乎地下愈到深处，温度愈高，

"火成岩"，地壳内部熔融的岩浆侵入地下一定深度或喷出地表后，冷却凝固形成的岩石。按其形成特点分为深成岩、浅成岩和喷出岩。

若温度超过一定的限度，一切的固质，不免变为流质，火山爆裂，岩流迸出，骤然一看，似乎都可以做流质地球的证据。而所谓地壳者，正如地壳包着卵白卵黄。可是天体力学者告诉我们，这样鸡蛋式的地球，是不能成立的。如果地球简直像鸡蛋式的构造，它早已受不起旋转和日月吸引的力量，它绝不能成现在这样的形状。

传统思想，如此的混沌。因之，对于地壳这一个名词，我们不敢任意接受。我们如若还想利用这一个名词，不得不做进一步的追求。且看我们能否替它找出相当的意义，地壳的命运，就取决于此。我们没有方法去打极深的地洞，看里面的情形。现在世界上用人工凿出最深的地洞，也不过2000多米。地球如此之大，就是再凿穿2000米，也算不了一回事，况且愈到深处，工作的困难增加愈多。我们还要知世界上有许多的事物，我们尽管能看见，能直接地感触，我们不见得就能认识，就能了解。观察是一回事，了解又是一回事。所以要看地球内部的情形，不能用肉眼，只能用智眼，不能直接地检

"混沌"，指糊里糊涂、无知无识的样子。

查，只好用间接的方法探视。间接的方法，可分为下列几项，当然，仅就重要者而言：（一）地温；（二）岩石的分配；（三）地震；（四）均衡现象（内文均从略）。

依前述种种观测判断，地球的表面，除了大气层和海洋之外，确有较轻的岩石，造成地壳在大陆方面。地壳可分为两层，其间界限，不甚清楚，一名里壳一名表壳，表壳由酸性岩石，如花岗岩之类构成。里壳由基性岩石如玄武岩玻璃之类构成。在海洋方面，尤其是太平洋方面，似无表壳，只有里壳。大西洋为一个比较新成的海洋，所以情形稍有不同。

表壳的厚度，至少有 15 千米，也许到 20 千米以上。里壳的厚度，大致与表壳相等。两壳总共的厚度至少有 30 千米，也许厚到 45 千米。这是就普通的厚度而言。在特别的地方，它的厚薄，也许不是完全一致，不过不能超过此限太远。地壳以下，便是极基性而且甚重的岩石，与构成地壳的材料、性质颇有差异，现在我们所知道的情形，如是而已。

通过观测和判断，可以知晓地壳分为两层：里壳与表壳。

浅说地震

阅 读 指 导

　　李四光教授一直非常重视地震预测预报工作。1969年渤海发生地震，他不顾自身安危，多次跋山涉水，深入房山、延庆、密云、三河等地区，对地震中的地质现象进行分析、研究和观察。在他生命的最后几年里，他尽力研究地震预测的相关问题，并提出了一些思路和方法。

　　地震能不能预报？有人认为，地震是不能预报的，如果这样，我们做工作就没有意义了。这个看法是错误的。地震是可以预报的。因为，地震不是发生在天空或某一个星球上，而是发生在我们这个地球上，绝大多数发生在地壳里。全球一年大约发生地震500万次，其中95%是浅震，一般在地下5千米~20千米。虽然每隔几秒钟就有一次地震或同时有几次，但从历史的记录看，破坏性大以致毁灭性的地震，并不是在地球上平均分布，而是在地壳中某些地带集中分布。

設問句。通过自问自答的方式引出下文，告诉读者地震是可以预报的。

震源位置，绝大多数在某些地质构造带上，特别是在断裂带上。这些都是可以直接见到或感觉到的现象，也是大家所熟悉的事实。

可见，地震是与地质构造有密切关系的。地震，就是现今地壳运动的一种表现，也就是现代构造变动急剧地带所发生的破坏活动。这一点，历史资料可以证明，现今的地震活动也是这样。

地震与任何事物一样，它的发生不是偶然的，而是有一个过程。近年来，特别是从邢台地震工作的实践经验看，不管地震发生的根本原因是什么，不管哪一种或哪几种物理现象，对某一次地震的发生起了主导作用，它总是要把它的能量转化为机械能，才能够发动震动。关键之点，在于地震之所以发生，可以肯定是由于地下岩层在一定部位突然破裂，岩层之所以破裂又必然有一股力量（机械的力量）在那里不断加强，直到超过了岩石在那里的对抗强度。而那股力量的加强，又必然有个积累的过程，问题就在这里。逐渐强化的那股地应力，可以按上述情况积累起来，通过破裂引起地震；也可以由于当地岩层结构软弱或者沿着已经存在的断裂，产生相应的蠕动；或者由于当地地块产生大面积、小幅度的升降或平移。在后两种情况下，积累的能量，可能逐渐释放了，那就不一定有有感地震发生。因此，可以说，在地震发生以前，在有关的地应力场中必然有个加强的过程，但应力加强，不一定都是发生地震的前兆，这主要是由当地地质条件来决定的。

不管那一股力量是怎样引起的，它总离不开这个过程。这个过程的长短，我们现在还不知道，还有待在实践中探索，但我们可以说，这个变化是在破裂以前，而不是在它以后。因此，如果能抓住地震发生前的这个变化过程，是可以预报地震的。

可见，地震是由于地壳运动这个内因产生的。当然，也有外因，但外因不起决定性作用。所以，主要还是研究地球内部，具体地说，就是研究地壳的运动。在我看来，推动这种运动的力量，在岩石具有弹性的范围内，它是会在一定的过程中逐步加强，以至于在构造比较脆弱的处所发生破坏，引起震

"内因"，事物发展、变化的内部原因，即事物内部的矛盾性。唯物辩证法认为内因是事物发展的根本原因。

动。这就是地震发生的原因和过程。解决地震预报的主要矛盾，看来就在这里。

这样，抓住地壳构造活动的地带，用不同的方法去测定这种力量集中、强化乃至释放的过程，并进一步从不同的途径去探索掀起这股力量的各种原因，看来是我们当前探索地震预报的主要任务。

地应力存不存在？我们一次又一次，在不同地点，通过解除地应力的办法，变革了地应力对岩石的作用的现实状况，不独直接地认识了地应力的存在和变化，而且证实了主应力，即最大主应力以及它作用的方向，处处是水平的或接近水平的。从试验结果看，地应力是客观存在的，这一点不用怀疑。瑞典人哈斯特，在一个砷矿的矿柱上做过试验，在某一特定点上的应力值，原来以为是垂直方向的应力大，后来证实水平方向应力比垂直方向的应力大 500 多倍，甚至有的大到 1000 倍。

构造地震之所以发生，主要是在于地壳构造运动。这种运动在岩层中所引起的地应力与岩层之间的矛盾，它们既对立又统一。

地震就是这一矛盾激化所引起的结果。因此，研究地应力的变化、加强到突变的过程是解决地震预报的关键。抓不住地应力变化的过程，就很难预言地震是否发生。

请回答，什么是解决地震预报的关键？

燃料的问题

阅读指导

　　本文详细叙述了什么是燃料，燃料的种类、来源和重要性，以及燃料对于中国未来工业发展和提高人民生活水平的意义，非常具有前瞻性。

　　自从人类知道用火以后，维持日常生活最重要的物质，除了食料，恐怕要算燃料。至文化幼稚的时代，所谓燃料者，只是树木草卉；燃料的用途，大部分也不过烧一烧食物。到了物质文明发达的今日，无论燃料的种类或用途，花样可多了。试想我们日常穿的、用的东西，有多少不是直接或间接靠火力造成的？试想这世界上有多少地方，假使冬天不生火，还可以居住的？从香水胰子说到飞机大炮，我们能举出多少件与燃料绝对没有关系的东西？是的，什么叫作物质文明，简直就是燃料里烧出来的。

　　这一件日常生活的必需物，这一种物

"胰子"，指肥皂。

质文明的老祖宗，久已成了世界上攘夺的目标，国际政策影射的焦点。法国人一定要抓住鲁尔（德国重要的工业区，有丰富的煤矿资源）可以说完全是为了这样东西。日本人拼命掠夺我们的东三省，并且还要垂涎山东山西，一部分的缘故，也在这里。燃料的问题，既是如此的重大，我们当此准备建设的时期，当应有充分的考虑。

燃料的种类很多。现今通用的，就形式上说，有固质、液质、气质三项的区别；就实质上说，不过木材、煤炭、煤油三大宗。其余火酒、沼气、草、粪（中国北方就有地方烧粪）等类，比较起来，究竟分量很少，用途也极狭隘。实际上算不算燃料，都没有多大的关系。

现今中国的工业，说好一点儿，不过刚刚萌芽。所需要的燃料，大部分都是供家常的消耗。所谓家常的消耗，大部分就是烧菜、煮饭、点灯而已。这一类的消耗，看起来是很小的事。然而那无数的穷民，为了这一类的事，已经劳苦万状，有时候竟求之不得。乡下人向来把他们需要的东西，按紧急

拟人，运用拟人的修辞手法了，将燃料比作人类物质文明的老祖宗，形象生动地表明了燃料的重要性。

看看我们的地球 **41**

的程度，分了一个次序，叫作柴米油盐酱醋茶。他们偏偏要把柴搁在头一位。这是不是说柴有时候比米还重要呢？除了大荒年的时候，有钱总买得着米，然而在特别的地方，有钱竟买不着柴。米荒有人注意，柴荒却从来没有人过问。这种奇怪的习惯，犹之乎有了厨房，不管茅厕一样。

刚才说在特别的地方有钱买不着柴。其实我们要到乡下去看一看，就知道那样的事情并不是很特别的。现在全国的矿业还是如此的幼稚，交通又是如此的不便。乡下人所用的柴，恐怕99%还不止都是柴草。一生居住在都市的人们，也许不明白个中的实情，像我们乡下的穷人，才知道什么叫作"一粒的艰难，一草的辛苦"。费了九牛二虎之力，弄出两斗黄米，几升黑面，要是没法儿烧熟，教我们怎样吃得下去。

然则要救济柴荒，有什么办法？一言以蔽之，曰造森林。请看中国的土地如此之大，荒山荒野如此其多。除了那自生自灭的野草以外，还有什么东西长在山上？这岂不是证明中国人连栽几棵树的能力也没有吗？

"九牛二虎之力"，形容很大的力量。

"一言以蔽之"，用一句话来概括。

不错，这几年来，大家都有点儿觉悟，每逢清明的前后，全国的什么衙门、官署、公共机关，美其名曰植树节，闹得不亦乐乎。究竟植树的成绩在哪里？像这样闹了20年的植树节，恐怕不会有两棵树长成的。

森林的培植，当然不仅仅为了供给燃料。要制造木材原料，要护山陵的崩泻，防止河流的壅塞，造成幽美的风景，都非借森林的力量不可。在北方广漠的地方，如果能造成巨大的森林，竟能多少影响雨量，也是说不定的事。

"壅塞"，指堵塞不通。

森林的利益，谁都知道，用不着多说闲话。现在的问题是用什么方法大规模地造林。更紧要的问题是，种了树以后，如何培植，如何保护。这自然是政府的责任，否，是政府应该请专家负担的责任。奖励造林，保护森林的法令，固然不可少；怎样造林，造什么林等技术方面的问题，也得及早研究。力大吹不响喇叭，石灰坑里养不活水仙花。不知道土壤的性质，不知道植物的特性，不管害虫的繁殖，不管植物生长的生态（Ecologie）。瞎干，蛮干，即使花上十年八十年也不会得着什么结果。

因为说起家用的燃料，我们就说到了森林。其实今天最重要的燃料，还是煤炭和煤油。

现今这个时代，还是煤铁时代。制造物质文明的原动力，最大部分就是出在煤身上。那么，要想看中国工业将来的发展，第一步恐怕就得考虑中国究竟有多少煤存在地下。煤不是能生长的东西，用了就没有了。如果我们想保护将来的工业，绝不可把我们大好的煤田随便糟蹋了。开煤矿是比较简而易举的工业，只要运输上有了办法，不愁它没有市场。所以假使我们要想从工业方面，实施中山先生的民生主义，头一件事，恐怕就免不掉建设铁路，开发几个大的煤田。英国的工业发达史，已经给我们一个很好的例证。

因为中国的矿业，还没有发达；又因为中国的矿产，还没有详细的调查（近年来，虽然北京地质调查所有了相当的调查结果，大部分的人还不曾知道），一班人还在那里做梦，以为中国"地大物博"，矿产是取之不

"民生主义"，指三民主义之一，即孙中山在其领导的中国资产阶级民主革命中提出的政治纲领之一。

尽，用之不竭的。实际地讲起来，中国的金属矿产，除了特种的矿物（如锑、钨等类）外，并不能算丰富，比较美国，那是差多了。唯有煤矿，无论就质的方面说，或是就量的方面说，总算不错。就质的方面说：中国的无烟煤，差不多要占中国总煤量的 1/4，烟煤要占 3/4。就量的方面说：我们现在虽然不能说出一个很精确的数目，然而也曾有人估计一个大概。据民国 10 年（1921 年），北京地质调查所的报告，各省地下储煤的总量，以一兆吨为单位，大致如下：

直隶	二三七〇
奉天	九八五
热河	九三〇
察哈尔绥远	四六〇
山西	五八三〇
河南	一七六五
山东	六八五
安徽	二〇五
江苏	一九〇
江西	八一五

"直隶"，指现在的北京市、天津市和河北省大部分地区。

"奉天"，奉天省指今天的辽宁省。

"热河"，中国旧行政区划的省份之一，位于目前河北省、辽宁省和内蒙古自治区的交界地带。

浙江	一二
湖北	一三
湖南	一六〇〇
四川	一五〇〇
陕西	一〇〇〇
甘肃	一〇〇〇
黑龙江	一六〇
吉林	一六〇
云南	一二〇〇
贵州	一三〇〇
福建	一五〇
广西	五〇〇
广东	三〇〇
总计	二三四三五兆吨

"二三四三五兆"，上述数据相加得二三一三〇，此处数据疑似有误。

以上的估计，未免失之太谨。要是宽一点儿计算，也许总数可以增一倍，那就是说中国储煤的总量，打宽一点儿，大概有 45000 兆吨。平常看起来，这个数目，可算得不小。在工业还没有萌芽的今日的中国，每年消费的煤量不过 20 兆吨左右，这些煤，已经够我们用几千年。可是要和美国的总储煤量比较，全中国的储煤量，不过抵当其 1/4！这是许多人做梦都想不到的事。我们的工业发达起来的时候，煤的消费量自然也要增加。再过两三代人，中国最大的矿产——煤——难免不产生问题。然而产不产生问题，是将来的事。现在的问题，是如何爱惜它，如何利用它。

在前面的数据中，我们有几件事应该注意：北方的煤量，比南方差不多多一倍。山西一省的煤量，差不多要占北方各省的总量的 1/3。山西煤最好的出路是青岛。那么，很明白了，为什么日本人要和军阀勾结，侵略山东，觊觎山西。

"觊觎"，希望得到（不应该得到的东西）。

在采煤的当地，比如山西的大同阳泉、河南的六河沟，一吨煤不过值两三元。但在上海、汉口等处，一吨煤有时涨到二三十元，平常也要十几元。这完全是运输不便的缘故。采煤事业，既然是比较轻而易举的，靠得住的有利的实业，将来铁路的布置，就应该以开发几个主要的煤田为计划中的一件重要的依据。

煤的用途很多，里面的副产物都很贵

重。假定以前所说的话是对的，假定在我们发展工业的计划中，采煤是应先举办的事业，当此准备建设的时期，我们对于全国的煤，就应该有一番彻底的调查和研究。如果来得及，设立一个专门研究煤的机关，纯粹从科学方面着手，也未尝不可。那样一来，全国各大学各专门学校一部分的毕业生，还愁没有事干吗？何必要请学化学的去做此事呢？

以上是关于煤方面的话题。摩托发明之后，世界上燃料的需要发生新花样，摩托需用液质的燃料。航空事业的骤然发展和海军设备更新以后，摩托的总马力数也骤然增加。如是弱小民族所有的油田，又成了国际政治上一个重要的争夺点。英国人死命地想抓住波斯的巴库，向来不关轻重的加利西亚，现在大家都往那里鼓眼挥拳，就是为了这个玩意儿。

中国的油田，到现在还没有好好地研究。我们只听说陕西的延长和四川的自流井一带，有若井油者或盐井油。但是出量颇不见佳。虽然民国3年（1914年）的时候，美

"巴库"，现为阿塞拜疆共和国首都。

"井油"，即石油。

"盐井油"，指打井喷出的气、热水和盐卤混合物。

孚油行在陕北的延长肤施中部三县钻了 7 口 3000 尺以下的深井，然而结果并不甚好，他们花了 300 万元，干脆地走开了。但是美孚的失败，并不能证明中国没有油田可办。就道路的传说，从新疆北部的乌苏、绥来、迪化、塔城一直到甘肃的玉门、敦煌镇等处都有出油的模样。

中国西北方出油的希望虽然最大，然而还有许多其他地方并非没有希望。热河据说也有油苗，四川的大平原也值得好好地研究，和"四川赤盆"地质上类似的地域也不少，都值得一番考察。不过油田的研究，到一定的步骤，非花一宗大资去钻探不可，在一贫如洗的中国，现在要像美孚那样，花掉两三百万不算一回事，恐怕没有一家私人的营业敢说那一句话。那么，这种事业只好用国家的力量去干。

有一种石头，名叫含油页岩。这种石头经过破坏蒸馏以后，也可取出一些油质。因为现今世界上煤油的需求量很大，而攒油的供给有限，有若干地方已经开采这种含油页岩，拉它来蒸馏。日本人在抚顺现在就是用

"肤施"，今延安市的旧称。

"尺"，长度单位，10 寸等于 1 尺，10 尺等于 1 丈。1 市尺合 1/3 米。

"蒸馏"，把液体混合物加热沸腾，使其中沸点较低的组分首先变成蒸气，再冷凝成液体，以与其他组分分离或除去所含杂质。

"太阳的热能"，即太阳能，太阳照射所发出的能量，是太阳上的氢原子核发生聚变反应产生的，它是地球上光和热的源泉。

他们海军省的力量去干这件事。中国其他的地方是不是出产此种岩石，这是要请教中国地质学家的。

总而言之，燃料的问题，无论在日常生计上，还是大规模的工业上，都是再紧要不过的问题。我们不说建设就罢了，要讲到建设，对于这一件劈头的问题，马上就得想法子解决。到了世界上的煤和煤油用尽了的时候，科学家也许会利用原子以内的能力，也许会直接利用太阳的热能，也许有其他的方法代替燃料。不过在现在这个时期，在今日的中国，说那一类的话，还早着呢。

现代繁华与炭

阅读指导

　　本文于 1920 年 2 月 28 日发表在《太平洋》第 2 卷第 7 号上。该文是李四光教授刚结束在英国的学习，应北京大学校长蔡元培先生之邀，专程赴巴黎给那里的留学青年做的报告。

一、欧美"文化"的曲子

　　诸位同学，前天有几个朋友邀我到这里来讲演。我一想，这倒是极有趣味，但是极不容易的一件事。我有什么把握，可以在诸位面前大言不惭地讲经说法？今天时候不多，本不容说闲话。但是我们看世界上有许多人把世界上的事往往平常看过。甚至讲到学术，大家也就不知不觉守一种人云亦云的态度。人类进步甚慢的大原因，恐怕就在这里。我们倘若想脱离这种积习、这种束缚，不可不先存一种气概。诸位苦心志，劳筋骨，到欧洲来求学，自然是抱着一种气

> "人云亦云"，人家说什么自己也跟着说什么，形容没有主见。

概，令人佩服。但是我所说的气概，与这个意义有点儿不同。我的用意，是要我们互相勉励，互相警戒，凡遇着新境象、新学说，切不可为它所支配，为它所奴隶。我们还要分析它，看它究竟是怎么一回事。既到学术场中，心只管细，胆只管大，拿着主脑（思想的法则——Logique）。就是那纷繁错乱的世界，天经地义的学说，都不能吓倒我们。从前在中国有人问孔，就斥为异端。现在讲学，没有这回事情。诸位尽可放心。虽然，我们也万不可故意与人家辩驳，与人家捣乱；或逞一己的偏见，固执自豪；或者好作奇谈，沽名钓誉。那种狂谬的行为，非独不是勇猛精进的正道，而实在是一种精神病，已远出自由讲学的正轨。真正讲学的精神，大概用一句话可以包括，那就是为真理奋斗。

我方才含糊地说了新境象三个字。什么叫作新境象？从实地看来，我们现在所处的境遇，可算得是一个新境象。这境象与我们朝夕不离。所以我们切不可为它所蒙昧，我们应该冷眼观察它，并且详细地分析它。我曾听得许多人讲，我们中国人初到欧洲的时期，大概不免为这边的"物质文明"所牵动。中国人大半都说中国所缺的也就是这个"物质文明"。然则什么叫作文明？什么东西为造成这种"物质文明"最紧要的原料？今天我原来是想同诸位讨论第二个问题，但是第二个问题牵涉第一个。所以对于第一个问题也不能不约略地讲几句。

诸位都知道"物质文明"这四个字，在中国是一个新名词。讲点儿新学的人没有几个不把它当作一个口头禅用。至若说到这个名词所包括的东西，我想没有两个人意见完全相同。倘若一定要追求它的意义，大家不过糊糊涂涂地说那轮船、火车、飞机、大炮之类，就是"物质文明"的器具。这些器具动起来的时候，就成了一种"物质文明"的表现。我想一般欧美人对于"物质文明"的观念也不过如是。或者有人要那人类社会的许多机关也加在"物质文明"里去。是否得当，我都不敢说。这样看来，"物质文明"这个名词，并没有一个一定不易的定义。

再进一层着想，物质两个字，是对精神

"口头禅"，原指空谈理论而不实行，今指经常挂在口头的词句。

"以太"，古希腊哲学家首先设想出来的一种媒介。17世纪后作为解释光的传播，以及电磁和引力相互作用现象而又重新提出。但19世纪以来所有寻找以太的实验都归于失败。

"遽然"，突然的意思。

两个字说的。既说有物质文明，当然可说有精神文明。然则精神文明与物质文明的区别若何？有人说一切性情及意识的活动，都属于精神界，故感情及思想上的产物，如乐谱著述之类，皆为精神文明的表现。试问这样情意的活动，能否超脱物质？又试问种种物质的东西及其活动，能否脱离无影无形的自然法则及生物的意识？我现在任怎样想，也想不出一种绝对的是精神上的东西，并想不出一种绝对的是物质的东西。物理学家都认为宇宙之间，无处不有一种弹性完全的东西，名叫"以太"。某物理学家讲可见的物质，是以太中发生的不可见的事故。不可见的以太，倒是实在的一种东西。这是纯粹物理学上的问题。我们今天就是想讨论，也绝讨论不了的。现在姑勿论物质究竟为何，精神物质两元的设想（Dualisme），总有许多地方想不通的。我们既不能决定精神的东西与物质的东西是否不即不离，又不敢遽然说它们是一种东西的两个面子。所以无由区别精神的文明与物质的文明。

说到文明，诸位还要许我讲几句闲话。

我们初到巴黎来看这里的房子如此之大而且华丽，街道如此之宽而且清洁。天上飞的，地下跑的，瞬息千变，我们就吃了一惊。到了休息的日期，那大街上人山人海，衣冠文物，一齐都摆出来了，我们又吃了一惊。不独惊讶，而且心里不知不觉生出一种钦慕之感，以为欧洲的文化实在比中国胜多了。过了几天，也觉得没有什么了不得的，以为欧洲的文明，不过如是如是。这两种感想，都有一点儿道理，但都是极粗浅浮泛的。仔细一想，就知道他们的文化的根源，另在一个地方。在什么地方？在他们的脑袋里。他们尊重论理（Logique），严守秩序，勇于对人对物的组织等情形，比起中国那无法无天、混闹一顿，是有点儿不同，是文明些。如此说来，与其称现代欧美的文化为"物质文明"，不若称之为"广义机械的文明"。至若由这种抽象的机械所生的种种现象，如各样的建造以及各种熙熙攘攘的情形，最好是另用一个名词代表，我想无妨称它为"繁华"。

　　我原来想把今天讨论的题目叫作"物质文明与炭"。但是因为"物质文明"四个字的

"熙熙攘攘"，形容人来人往，非常热闹。

意义暧昧，如前所述。所以不得已将题目改为"现代繁华与炭"。文明不文明，与我们今天没有关系。繁者对简而言，华者对实而言。由简趋繁，由实之华，仿佛是自然的趋势。枝节虽多，根本却是没有极大的变更。譬如有树，一入冬天，就枝叶零落，状如枯槁；但是春夏再至，茂盛蓬勃，又如去年。是可见树木繁华的状态，是一种生生不已的势力的表现。每遇有适宜的机会，如气候温和、肥料充足等条件，它就发泄出来了，条件不对，它又收藏如故。

然则什么是最有利的条件助长现今人类的繁华？人类用种种方法以谋繁华，正如那草木常具生生不已的势力，时时刻刻要求发展，这是人类自己的事，草木自己的事。如若外面的机缘不适，情形不对，任它们怎样想发展也是发不出来、展不出来的。我方才说要同诸位讨论什么东西为造成"物质文明"最紧要的原料，倒不如说什么东西是现代繁华的最大的凭借。这个东西就是我们大家都知道的天然势力。天然势力的种类虽多，但是可以供人类役使的，至今我们只知

"天然势力"，今天我们称之为"能"，物理学上指能量。

有流行不已的热势力。人类所用的其余各样的天然势力，大概都是由热势力换来的。热势力为人类所做的事，实在不少。广而言之，如若没有热势力流行，地球上今天恐怕没有这种种生物，自然连人类也没有。但是与我们现在的问题相关的，并不是那广大无边的热势力，乃是集注于一地的热势力。在一定的地方集注的热势力愈大，它发展出来的时候，情形愈是激烈。所以人类活动的程度，造出的繁华，当然是与他所操纵的热势力集中的程度成比例的。我们现在可以举出几件事实，大家就知道我们现在的生活与这种集中的热势力是如何密切相关的。

试问我们这一座房子是什么东西造成的？最紧要的材料就是砖、瓦、木料、玻璃等项。砖、瓦、玻璃都是用火烧成的，木料是直接用犹如火一般的太阳送来的光线养成的。然则没有如是的激烈热势力，我们这个房子就住不成了。诸位同我是如何到这里来的？坐轮船、坐火车、坐电车来的。轮船、火车、电车如何能动？因为有一架或几架中央的热机关。我这一件衣服的原料是如何做

"热势力"，即热能。

设问句，自问自答，以引起读者的思考，说明人的衣食住行都离不开热势力。

成的？是机器织成的。机器因为什么旋转？我想后面必有一架热机推它。所以我们如若不会用或不能用集中的天然热势力，今天这回事恐怕不会发生。请诸位再到巴黎繁华场中看看，无论是事是物恐怕没有几多不是直接或间接由热力造出来的。然则这样激烈的热力是由什么地方来的？极小一部分是由煤油发生的，大部分是由煤炭发生的。

现在我们就要问世界上的煤炭是不是有限的？是不是可以生长的？若是有限，若是不能生长，到了世界煤炭用完了的那个时期，或者就是有也极不容易开采的那个时期，我们是不是可以发现一种势力的储蓄物或一种势力的渊源来代替煤炭？这些问题就是我们今天的问题。

至若煤油有限极了，由地质学上考究起来，我们确知世界上的煤油远不及煤炭多。所以最要紧的问题还是在煤炭，不在煤油。现在内燃热机日盛一日。到了没有煤炭的日子，煤油一定早没有了。英国地质学家拉姆齐（A. C. Ramsay）早已警告英国人，他说如若英国每年消费煤炭的量将来不减，不

"煤油"，这里所说的煤油，即石油。

过二三百年，英国三岛就没有炭可挖了。英国地下所藏的煤炭渐渐减少，工业渐渐困难的问题，杰文斯（W. S. Jevons）早已论过。岂独英国为然，哪一个所谓文明的国度不是用许多人拼命地挖炭，只有中国还有许多煤厂，不独没有用新法开采，并且没有一个详细的调查。所以我想今天借这个机会，把中国煤厂分布的情形，就我所知道的约略一述。

二、中国煤厂分布的情形

说到地下煤层分布的情形，我们已经侵入地质学的范围。诸位中有没有学过地质学的？所以现在最好是先把地壳构成的情况略谈一谈。为什么不说地球而说地壳？因为关于地球结壳以前的历史，我们还没有确当不易的知识。康德早已说到这个问题，但不完备。自法国有名的天文学家拉普拉斯（Laplace）以星云之说解释太阳系的由来以来，种种关于地球的由来的学说逐渐演出。论到枝枝节节，虽是众口纷纷，莫衷一是，而关于大概的情形，大家的意见似乎相同。

"莫衷一是"，不能得出一致的结论。

地球的初期无所谓球，大约是一团气汁。历时既久，这气汁自然地渐渐冷缩。它的表面结成硬壳，高低不平。壳上的空气中所含的气渐凝为水，于是海陆划分，于是种种地质学上的现象发生。地质学上所讲的地球史，顶古也不过是从那时候起。

"地质学上的现象"这几个字十分令人费解。我们都知道那做文章的人常用"坚如磐石""安如泰山"等成句，意若曰那磐石泰山是千古不变的。这个观念，根本地错了。仔细考察起来，我们就知道有许多天然的力来毁坏它们，来推移它们。它们朝夕受冰霜凝解、热度变更的影响，渐渐疏解；又受种种化学的作用，渐渐腐坏；加以风雨的摧残，河流的冲击，无一时不受剥蚀，无一时不经历变迁，何安之有？那些已经破坏的岩石，或为块砾，或为砂泥，散在地面。久而久之，都为雨水河流洗到湖海里去，一层一层地停积起来。据种种考察，现今海底停积物的成分粗细，与其所停积的地方有关系。在海滨停积的东西，大概沙砾居多，离海滨愈远，沙砾愈少，泥质愈多。而在大洋底的停

"磐石"，厚而大的石头。

积物，往往为石灰质或矽质。这种石灰质或矽质，大都是海中的生物的遗骸造成的。这样看来，地表变迁的现象可分三项：曰剥蚀，曰转运，曰停积。陆地常遭剥蚀，潮流河流或风力专司转运，海底常主停积，这三项现象，自然是有连带的关系。

还有许多现象是由地里发生的，最显明的就是火山爆裂、地震、地裂等事。这些剧烈的现象，是人人都知道的，更有缓慢的现象不容易观察。比方，在海滨往往有古代人工所造的泊船码头，今日远出海面；又时有森林的遗迹，今日淹没于海湾。此类的事实，不一而足。这种事实何以发生？诸位想想。那自然是因为海面与陆地做一种相差的运动，或是不一致的运动。我们有许多另外的凭据证明这些变迁并不是因为海面的升降，然则必是因为陆地的起跌。所以我们知道这个地皮是动摇不定的。只因动得极慢，所以人都不知不觉。是的啊！就是我们现在的地方，自地球上有生物以来，不知道已经沧桑几变。

以上所说的各种现象，都落在地质学的

"矽"，硅的旧称。

"剥蚀"，风、流水、冰川等破坏地球表面，使隆起的部分逐渐变平。

"沧桑"，即沧海桑田，指大海变成农田，农田变成大海，形容世事变化很大。

范围里，都是经了许多的经验、许多的观察分别出来的，既非想象，又非学说，主使这些现象的力，现在就在运行。我们既知道这些现象的原原本本，再来由已知求未知，就现在推过去。这当然是考究地球历史的一个正当方法。但是过去的现象已经过去，我们有什么路径去寻它？我们因为能通一国的文字，所以能读一国的历史书，由那历史书上的种种记录，就得以知道那一国的历史。这件事含着两个紧要的条件：（一）先要得一部历史书。（二）那历史书中一页一页的图画文字要是我们能懂的。现在我们已经有了一部大书，专写地球自结壳以来的历史。那书是什么？就是地壳。关于第一个条件，我们是已经满足了。但是说到第二个条件，就有种种的难题发生。地质学家关于地球的历史争来争去，说来说去，总离不了这些难题。想解决这些难题，我们不能不借用各种科学公共的根本法则。那就是相似的原因必发生相似的结果，时与地没有关系。这个大法则，可算得是科学家的上帝。假使我们把现今地面各处发生的地质或地文学上的现象搜集起

比喻，运用比喻的修辞手法，将地壳比作历史书，形象生动，便于读者理解。

来，连贯起来，我们就不难定夺某某原因发生某某结果。北方冰川经过的地方（因），常有带痕迹的岩石（果）；河流经过的地方（因），常遗沙砾之类（果）；火山爆发的地方（因），常有喷出的岩片、岩灰或岩流等物（果）；气候炎热的地方（因），往往生长特别的动物植物，如鳄鱼、椰子之类（果）。过去地面及地壳里的种种变迁，也留下种种结果。变迁的情形现在虽不可见，而变迁的结果至少有一部分，幸而存在天然的博物馆中，记在天然的地质历史书中。如若前说的科学根本法则有效，我们应该可以准确推断现在因果相循之规律，按过去地面及地壳里所生长出种种结果的次序，追求过去地质现象继续的情形。如陵谷的变迁、海陆的转移、气候寒暑的更迭等事，都在能研究的范围以内。过去地面及地壳里所生出的种种结果是什么？那就是各样各层的岩石。这些岩石一层一层地倒在我们的脚下，正如那历史书一页一页地摆在我们的面前。

岩石可概分为三种：一曰递积层，亦曰水成岩。这项岩石，是由粉细或块粒的物质

比喻，运用比喻的修辞手法，将一层层的岩石比作历史书的书页，形象生动，便于读者理解。

一层一层地结合而成的。依其结构成分，定出种种名目，如石灰质的名叫石灰岩，与今日大洋里的停积物类似。泥质而能分成薄层的名叫页岩，由砂砾固结而成的名曰砂岩砾岩，这些与今日的浅海或浅水里的停积物相似。二曰凝结岩，亦名火成岩。这项岩石，大半都是由大小的晶片凑合而成的。与今日火山里喷出的岩流及冶炼炉中所出的渣子相类似，大概是极热的岩汁因冷却凝结而成的。三曰变形岩，前两项的岩石，有时一部分或全部变其原来的面目。如递积岩与火成岩的相接处往往呈结晶之象；又如地球上有许多极古的岩石，其结构往往错杂不堪。时带条纹，仿佛是曾历大热或巨压。最有趣的就是那第一次岩石中，常有生物的遗痕遗像或化石。地质学家统称这样的东西为化石（Fossile）。比方现在我们由巴黎这个地方挖下去，在接近表面的地层中所发现的化石，有许多种族还生存于今日的海中。愈到下面的地层中，奇形怪象的生物遗像愈多。与现今世界上生存的生物相似的愈少。据这种生物群变更的情形及地层构造的情形，地

"结晶"，物质从液态（溶液或熔化状态）或气态形成晶体。

"化石"，古代生物的遗体、遗物或遗迹埋藏在地下变成的跟石头一样的东西。

質学家把地壳的历史分作若干段。中国的历史中有三皇五帝、秦朝、汉朝、唐朝、明朝等时代的名目，地质历史中亦有许多时代的名目。这些名目之中有许多是全世界所公用的。现在我按着这些时代新古的次序，从上至下把它们的名目列举出来。

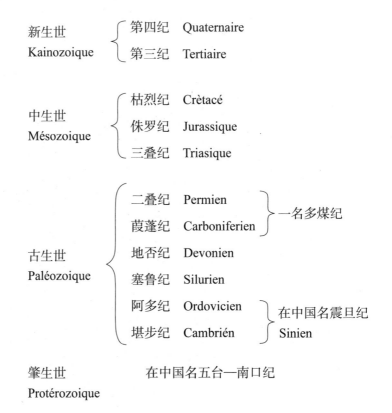

| 新生世 Kainozoique | 第四纪 Quaternaire |
| | 第三纪 Tertiaire |

中生世 Mésozoique	枯烈纪 Crètacé
	侏罗纪 Jurassique
	三叠纪 Triasique

古生世 Paléozoique	二叠纪 Permien	
	葭蓬纪 Carboniferien	一名多煤纪
	地否纪 Devonien	
	塞鲁纪 Silurien	
	阿多纪 Ordovicien	在中国名震旦纪
	堪步纪 Cambrién	Sinien

肇生世 Protérozoique　　在中国名五台—南口纪

混沌不分

自肇生世以至今日，不知已经几万万年。

“三皇五帝”，指古代传说中的帝王，说法不一，通常称伏羲、燧人、神农为三皇。或者称天皇、地皇、人皇为三皇。五帝通常指黄帝、颛顼、帝喾、唐尧、虞舜。

“肇”，开始，发生。

自有地球以来，更不知经过了若干万万年。我们现在确实知道的有两件要紧的事：第一是以前所列举的时纪都是很长很古的。就生物的变迁一端着想，我们就知道这句话是不错的。在堪步纪以前的岩层中，世界各地除北美洲几处外，迄今未曾发现确实无疑的化石。到了堪步纪的时候，各项海洋生物"忽然"繁殖。到塞鲁纪的末叶，最初的有脊动物——鱼类始行出现。在二叠纪的时候，鸟类乃生。在中生世两栖类颇盛。在第三纪哺乳类散布全球。那哺乳类中最进步的猴类头脑渐渐进化，到了第三纪的末叶第四纪的初期，真正的人类——人科（Hominidae）才出现，在人类历史学家看来，古石期已经古不堪言。而在地质学家看来，人类初出现的那个时期，是最新最近的，如昨天一般。

第二是每一纪有一段岩层为之代表。由理想判断，那些岩层，层位愈下的所属的时代当然愈古。然则何以高山之巅，如中国的泰山、秦岭、南山，往往露出极古的岩石？谈到这个问题我们不能不考究地层的构造。诸位在山边海岸，想必曾见过露出的地层。

理想与现实的偏差，加大了研究工作的难度。同时也体现了人们认知的盲区。

"猝然"，突然；出乎意料。

那些地层，多半不是皱了折了，就是断了裂了，平平整整如一本书一页一页排列下去的是很少的。因为这样的情形，所以实地察勘地质有许多难处。

现在我们把以前所说的话再来通盘一想，既说是一处的地层，可分作几段，各段中所含的生物的遗像及各段岩层的性质，往往绝不相伦。然则这样的变迁是如何使然的？从前有一派学者说，这是因为过去的时代地面经了几次剧变，如洪水滔天之类，把当时的生物都扑灭了，好像中国每朝的末期，必定发生许多流贼杀人放火的事件。自英国的赖尔（C. Lyell）唱"匀和（Uniformitarisme）之说"以来，大多数的地质学者都认为剧变之说欠妥，匀和之说较为得当。匀和之说：曰过去各时代的地质变迁，大都是渐渐的，并不是猝然的。过去地壳上变更的情形与现今我们所目睹的情形，无论就种类而论，或程度而论，大概没有许多不同的地方，这样的说法，有很多事实为之证明，但是也有一个限制的。比方肇生世的时候与现今比较，到底异同若何，实在是一个悬案，在肇生世以前更不待言。

地质学上的种种根本问题既已约略地点缀，现在可以上题说煤炭了。由岩石学上看，煤炭是一种递积岩。因为它一层一层地夹在砂岩、页岩或石灰岩之中，就其构造而论，与其余的递积岩并没有大分别，其造成的原料是由古代植物来的。地球上各处的气候时时变更。各种植物每逢宜其生长的机会，它们就生长。气候愈适（如热湿等情）生长愈盛且愈速。那些植物之中，自然有一部分还未到完全腐烂分解以前，被河流洗到湖沼海湾，埋没于泥沙之中。久而久之，全体炭化，成了我们今天所用的煤炭。有许多人以为煤炭在地下愈久，其质愈变纯净，这个观念是不对的。因为煤炭的成分大约是依原来的植物的种类为转移，比方烟煤永世不会变成无烟煤。照这样看来，我们敢断言两件事：第一是地下的煤炭绝不能生长，也绝不会变更；第二是煤炭的生成须特别的气候，特别的情形，并须极长的时期。即令现在有生煤的机会，生煤的地方，待煤成了的日子，不知人类已经变成了一种什么怪物。

读一读，总结一下，煤炭是由什么转化而来的？转化的过程是什么样的？

在中国共有五个地质时代造了煤炭，最古的为地否纪。属于这个时代的煤层很少。据莫诺说，他曾在贵州西南方的兴义县附近见过。据我看来，莫诺所获的化石还不足以确定时代。所以他所说的地否纪煤层究竟是不是属地否纪还待考究。其次为多煤纪，这一纪前后所造的煤比其余各纪都多，世界各处的煤层也以这一纪所造的为最多。中国北方的煤炭除辽河流域的附近，山西大同、直隶斋堂等地外大都属于此纪。扬子江中游下游各省以及浙江、福建、广东各处所出的煤，一大部分是属于此纪的。再次为三叠纪，川东云贵所出的煤多属于此纪。然后为侏罗纪，属于此纪的煤层见于大同、斋堂、四川及扬子江中下游数处。最后的造煤时代为第三纪，第三纪的煤炭仅见于东三省及云南蒙自等处。东北那有名的抚顺煤矿，就是最好的一个代表。

中国各省的煤矿，迄今还没有完全的调查。我们现在所知道的大都是由外国的矿业杂志或外国人在中国的地质调查记里得来的。以下所说的中国煤矿分配的情形，未免

"斋堂"，斋堂镇现隶属于北京市门头沟区。

近于东鳞西爪，七零八落。数年前中国地质调查所的丁文江氏已着手调查。我们希望丁君不久就把他调查的结果详细地报告出来。（后有删节）

三、将来利用天然势力的机会

这个题目太大，绝不是一口气可以说完的。现代的科学还在幼稚时代，对于这个问题并没有一个落实的解决。所以我们在此所讨论的难免不是举一漏百。就所举的方法，究竟有多少价值，还是疑问。这也不必管它，因为我们今天的目的并不是求几个完全的解决。我们的目的，第一是要使大家知道这个问题有研究的必要，第二有些什么路径可以研究下去。

地球上流行的天然势力，就我们现在所知道的，从其由来着想，可分作几项：（一）源于天体的运转者；（二）源于原子的爆裂者；（三）由太阳送来的势力。这三项之中，似以第三项为最关紧要。

先说第一项。地球每自转一周，海洋各处相对于月球的地位，时时刻刻不同。每

"东鳞西爪"，指一鳞半爪。

分类别，在这里，作者用这种方法帮助读者理解"地球上流行的天然势力"具体有哪几类。

公转一周，对于太阳的地位，又时时刻刻不同。所以同一处的海水受日月的引力，时时不等，潮汐由是而生。但是月球距地球较太阳距地球近多了，引力的强弱是与两个物体相隔的距离的自乘为反比例的。所以潮汐的起落，与各处对于月球之地位相关较著。一年之中，有时月球引力之方向与太阳引力之方向相同，那个时候，潮汐起落之差最大。春潮之所以发生，就是因为那个道理。关于潮汐的起落，有一件事，往往为人所误解。那就是，许多人都以为仅仅地球距月球最近的那一面的海水被月球吸起，所以潮汐上升。殊不知正与月球相反的那一面也有潮汐上升。这是什么道理？要追究这个道理，我们不能不追究引力的法则。大家都知道两个物体间引力的强弱与两个物体的质量为正比例，与其间之距离之自乘为反比例。

地球之各部分对于月球之地位不同，那就是两者之间距离不同。距离既不同，所以各部分所受之引力强弱不同。离月球愈远的部分，它所受的引力愈小。所以假若地球全体是水做成的，那个地球受了月球的引力，必然变成一个椭球。那个椭球的长轴，必然与月球所在之方向大概一致。但地球的全体并不是水做成的。陆地虽受月球的引力，却是昂然不拔；而海水为液体，不得不应月球所在之方向流来流去。所以潮汐之往来在海陆相接之地最著。

潮汐之流动，就是一种动势力（Kinetic Energy）的表现。倘若在海峡海滨用适当的方法，设相宜的机关，这种潮流的势力，未始不可收拾储蓄，供人类的役使。这个机会，是略有一点儿科学知识的人都知道的。但是还没有一个实行的计划。这种研究，自然应落在水力工程学及土木工程学的范围里。

再说第二项。化学家经过了许多的试验，证明一切物质是由分子集合而成的。每一个分子，是由一种或数种原子以一定的数目，依一定的配置相依而成的。寻常所谓化学的变化，都不影响原子的构造。所以从化学上看来，原子可算得是不可复分的东西。但是近来物理化学家又发现了一种新物质以及与那种新物质相连的许多新现象。现今世

"分子"，物质中能够独立存在并保持本物质一切化学性质的最小微粒，由原子组成。

"原子"，组成单质和化合物分子的基本单位，是物质在化学变化中的最小微粒。

界上的物理学家仿佛是以全力来攻这个新题目。我们应该知道一个大概。

诸位想必知道各种物质之中，有一种能传电，亦有一种不能传电。比方五金之类以及许多的含盐类的液质都能传电。而玻璃、木料、寻常的干空气之类都不能传电。假使我们现在取一玻璃管（比方长一尺径一寸），那管的两端紧闭，空气不能自由出入。再嵌一金类之小板于管之一端内，又嵌一金类之导线于他端内。试使小板之端与高压电机（如感应电机之类）之阴极、其他端与阳极联络，管中必无何等现象可睹。如若设法将管中的空气抽去一大部分，使管中余剩的气极为稀薄，再将高压的电流联络于管的两端，那时候的情形便不同了。由阴极的小板发出一种紫色的"光线"，其前进之路与板面成直角。如有固体硬塞于那紫色光的路中，那固体就显种种的光彩，并发大热。有名的 X 光线，就是这个阴极发射出来的东西途中碰着白金板而反射出来的光线。由阴极发射出来的东西并且显机械的作用。譬如置极轻之叶轮于管中，那叶轮就要被它冲动而旋

"传电"，即导电，让电荷通过，形成电流。

"叶轮"，指涡轮机里带有叶片的轮，叶片受流体冲击而转动，使轴旋转而产生动力。也指水泵、鼓风机等机器里带有叶片的轮，转动时使流体运动。

转，如水冲水车、风推风车一般。最值得注意的，那就是阴极发射线受磁力的影响。如若横置磁石于发射线之旁，那发射线就变弯了，与阴电流受了磁场的影响所生的结果相同。发射线又能透过极薄之铝叶，足见得它并不是光线。就前面说的种种性质看来，我们不能不疑它是一点一点带阴电的物质，以极大的速率由阴极射出来的。这个情形倘若是真的，我们不难用一种方法，求出那种带阴电的物质的质量与其所带之电量之比，以及其射出之速率等项。

诸位，我们所要讨论的问题是势力的问题。我方才为什么冤枉地说了一顿原子的构造？这里有点儿缘由，并非单是因为那发射的势力是由原子以内发泄出来的，所以原子构造的问题与我们的问题有关系。实在是因为电子之说、无机物进化之说，近年来风动一时，我们中国的"旧派"对于一切新学说新理想的态度就是屏诸四夷，不闻不问。而所谓治新学者，往往为好奇心所鼓动，抓着新东西就要说，听着新学说就相信，似乎未免近于率尔。所以我现在勉强说了几项紧要

"率尔"，轻率之意。

的事实，以示那极玄妙的电子说是由极寻常的事实推出来的，最要紧的还是事实。那电子说成不成，还要待我们仔细地分析，什么为本，什么为末，万万不可弄错。

第三项可分作三个细目说：

（一）由太阳的热所生的动势力。河流与气流都是这种势力的表现。地面的水受太阳的热，变为水蒸气，气腾于空中，减其热度，变为雨雪，落在地面的高处，受地球的引力，不能停留，于是河流发生。所以地面各处的河流可视为天然热机的一部分。在中国河流甚激的地方，古代已有人建设水车，利用此项势力以灌溉田地，但利用之方未曾十分进步。在欧美利用水力之地也极多，以美国的尼亚加拉河（Niagara）及挪威等处最为著名。近闻瑞士也有大举利用水力转运电车的计划。中国高山大川不少，可设水力机关的地方必定很多。研究机械工程的人，正宜留心这个题目。

空气的压力随时随地不匀。高压的气当然常往低压的地方走，所以生风。气压变更的原因极其复杂。我们今天没有工夫讨

"水蒸气"，气态的水。常压下液态的水加热到100℃时就开始沸腾，迅速变成水蒸气。

论。我们应知道的，第一是使空气流动的势力是由太阳来的，第二是风的势力可用风车等项机器弄到人类的手里来。但是风力时有时无，时强时弱，那是在人工操纵的范围以外。

（二）直接由太阳送来的热势力。由太阳送至地球的光热，一部分为空气所吸收，增其热度；一部分直达于地面。现今在热带的地方，如开罗（Cairo）附近已有热机，直接利用太阳传来的热。其法用一架甚大的凹镜先集收太阳传来的热力于一处（即凹镜之焦点），再用那集中的热力运转寻常的热机，如汽机之类。此项直接用太阳的热的热机，尚在极幼稚的时代。从机械工程学上看，还有许多研究的余地。

以上所说的各项势力，除第二项（即原子以内的势力）外，其流行也，或囿于地，或厄于时。欲其应人类随地随时之需，不能不想出各种方法来储蓄它，来收敛它，使它易于运搬，易于对付。我们现今已发明许多收敛、储蓄势力的方法。那些方法可分为两类：第一类根据物质电离电合之性。蓄电池

"凹镜"，即凹面镜，球面镜的一种，反射面为凹面，焦点在镜前，当光源在焦点上，所发出的光反射后形成平行光束。

就是这类的东西。蓄电池中之物质，受外来电流之影响而生一种化学的变化。若撤去外来的电流，联络其两极，蓄电池就吐出电流，其中的物质渐变还原样。第二类根据热化学的原则。比方有两种物质化合而成第三种物质，倘若其化合时吸收若干热量，其分解成原来的两种物质时，亦必吐出相等的热量，以人工造燃料的原理就在这里。

将来制造燃料的方法进步，或者与碳化钙相类的东西渐渐就要出现。那些东西，就可借太阳直接送来的热势力，或风势力，或水势力造出来。换言之，我们就可把那厄于时囿于地的自然势力抓在手里，随我们的意思去分配它。

（三）缘生物所积收的热势力。寻常的动植物，大都是离了太阳的光热就不能生活。那畏阳光的生物，如许多微菌之类，也要借种种有机的物质才能生活。那些有机的物质，大概是由受阳光而生长的动植物里出来的。就是那深洋底的生物，虽直接受阳光的影响很少，但是我们没有凭据说它们的生活不间接受太阳的影响。地球上所有各种生物

"有机"，原来指跟生物体有关的或从生物体来的（化合物）。现在指除碳酸盐和碳的氧化物等简单的含碳化合物之外，含碳原子的（化合物）。

的生命，究竟与太阳里送来的势力有如何的关系，原来是一个很大的问题。现在姑且勿论。就我们日常的观察判断，太阳的光热与动植物的生命似乎有极密切的关系。所以我现在权且把缘生物所积收的热势力，也列在第三项势力的渊源里。

各种天然势力的储蓄物中，最先为人类所抓着的，不能不说是现代生存的各种植物。不分其种类，不分其成分，拿着就烧，那是利用这种势力储蓄物的最粗陋的方法。进一步，就是把植物的躯干变成木炭。木炭燃烧时所发出的热，自然是比等量的木材燃烧时所发出的热量较大而力较强。再进一步就是用破坏蒸馏法，由木材里分出种种有用的东西。木材的成分随其种类不同，还有许多有用的东西，我们现在不必计较。与我们现在的问题最有关系的就是木炭与酒精。大抵软质的木料多含胶质而少酒精，硬质的木料与之相反。

现今制造家蒸馏木材的目的，大半不在取木炭而在取其余的副产物如酒精、醋质之类。

分类别，作者用分类别的方法，使读者了解人类是如何利用"各种天然势力的储蓄物"的。

低洼之地，往往有腐烂的植物，如藓苔之属，与泥沙等质停积于一处而成泥炭。

湖沼之中往往有微生物。其体虽小而其生长繁殖异常之快。硅藻科等族是这类生物中最值得注意的。由海底、河底、湖底挖起来的泥土中，有时含一种物质与煤油相似。那种物质，或许是由前面说的那一类微生物酝酿出来的。倘若生物化学家再详加考察，探悉那些生物生长的习惯，我们未始不可想出方法来培植它们，用它们的体质做我们的燃料。

将来比较有希望的，就是直接由太阳送来的势力以及缘生物所积收的势力。在热带地方，当然可设许多凹镜收集太阳的热，用太阳的热就可制造种种燃料，如碳化钙（CaC_2）之类。但是这两宗办法也有许多难处。那太阳光线热线的强度，每日时时变更。因为这样的变更，供给的力量必不能匀，供给的力量不匀就不利于制造。偶有云雨，机器就要停止，这也是大不方便的一件事。况且镜面须大，造镜的材料，都是很贵的。说来说去，我们的希望还是落在生物身上，但是也不能不分别孰轻孰重，泥炭一年一年减少。水中的微生物到底能不能为我们造出极多的燃料是一个问题，将来的答案难免不是一个否字。世界上人口日增，食料渐渐地困难，用五谷之类制造燃料，恐怕将成问题。那么，最终的就是木材一项，世界上旷野之地充其量来培植森林，用尽科学的方法，将木材变为最经济的燃料，如造成酒精之类。到底能否代煤炭以供人类的要求，这个问题虽难解决，但是从木材生长的速度着想，我们很难抱乐观的态度。然则人类的繁华到了难以得到煤炭的时候，将要渐渐地凋零吗？抑或在煤炭犹未用尽以前，人类生活的状态已经根本地变更了？

"充其量"，表示做最大限度的估计；至多。

地质力学发展的过程和当前的任务

阅读指导

　　本文主要阐释了两个方面的问题，即地质力学发展的过程和地质力学当前的任务与面临的问题。小读者们，我们一起来认真地读一读吧！

　　今天，我想同第三期地质力学进修班的同志们漫谈两个问题：第一个问题是地质力学发展的过程，第二个问题是地质力学当前的任务和它面临的问题。

一、地质力学发展的过程

　　为什么要讲地质力学发展的过程呢？因为一切事物，都有它自己的发展过程。我们不能割断历史来看问题。我们讲地质力学发展的过程，就是为了总结正面的和反面的经验，找出今后工作的方向。

　　我们所说的地质力学，大致可以说是经过两个阶段发展起来的。

　　第一个阶段是从 1921 年研究中国北部

设问句，开门见山，以"为什么要讲地质力学发展的过程？"直接引出文章的主题，引起读者阅读兴趣。

石炭—二叠纪沉积物开始的。中国北部是一个丰富的产煤地区，那些主要的煤层与石炭—二叠纪的地层有密切的联系。这些石炭—二叠纪的地层，当时统称为"太原系"。紧接着它上面的山西系，其中一部分后来称为"石盒子系"，是与主要的含煤地层有关。太原系，主要是由陆相地层构成的，其中夹有若干薄煤层，还夹有若干海相地层。

关于太原系的时代问题，有过长期争论。最初，有些人，例如在中国前后搞了三十多年地质工作的德国人李希霍芬，把太原系以下相当厚的石灰岩建造，用西北欧典型地区例如英国的标准来硬套，称为"煤炭石灰岩"，意味着这些石灰岩和英国的早石炭世石灰岩相当。现在大家都知道，实际上这些石灰岩是属于奥陶纪的。所以，这些石灰岩以上的太原系，就被认为是石炭纪的沉积物。葛利普起初也认为太原系是早石炭世的建造。

在太原系中，当时发现的化石并不多。后来，在许多地点露出的太原系海相地层中，找到了丰富的微体古生物群，特别是蜓

"陆相"，陆相可分为坡积、冲积、洪积、湖泊、沼泽、冰川、风成等相。

"海相"，海相可分为滨海相、浅海相、半深海相、深海相等。

科；在其中的陆相地层中，例如在"唐山煤系"中，也找到一些植物化石。因此，关于太原系时代问题的争论，就更加纷乱。有的人认为是属于晚石炭世的，有的甚至认为是属于早二叠世的，诸如此类。

到 1924 年，从莫斯科盆地中典型的中石炭世地区，取得了大量的䗴科标本和若干腕足类标本。经过详细的比较和鉴定，证明了莫斯科系中的海相生物群和太原系下部海相地层中所含的生物群，有密切的联系。根据这一发现，我们把太原系分为上下两段：下一段称为本溪系，划归中石炭世；上一段仍然称为太原系。这个发现，对北美洲石炭纪地层的划分，产生了相当重大的影响。因为在那里也和在西北欧一样，很久以来，石炭纪地层的划分，仅仅分为上下两部分建造。从此以后，在全世界范围内，至少可以说在北半球范围内，关于中石炭世海相地层的存在，逐步发现了更多的证据，也逐步被人们接受了。

在中国南部，晚古生代地层发育的情况，和北部很不相同。在南部，石炭纪和二

"腕足"，指乌贼、章鱼等长在口的四周能蜷曲的器官，上面有许多吸盘，用来捕食并防御敌人。

叠纪的地层，海相占优势。这些海相地层的划分和年代的鉴定，也曾发生过相当激烈的争论。在那些石灰岩中所含的䗴科化石，对解决上述争论起了很重要的作用。因为我们在中国南部的所谓黄龙灰岩、壶天灰岩等厚度颇大、岩质颇纯的海相地层中，发现了大量的䗴科化石，经过鉴定和比较，确定了这些海相地层，和中国北部的本溪系海相陆相交错的地层相当。同时，又在中国南部的所谓栖霞灰岩、船山灰岩、马平灰岩等厚度相当大、分布相当广泛的海相地层中，也发现了大量的䗴科化石，这些化石的某些种属，与中国北部狭义的太原系中所含的䗴科化石相同。这就证明了，中国南部这些占主要地位的晚石炭世和一部分石炭－二叠纪过渡的海相地层，与中国北部以陆相为主、夹有若干海相地层的太原系，是同时代的产物。

那么，就发生了这样一个问题：当时海侵海退的现象，为什么有这样南北的差异？这个问题，牵涉到大陆局部升降运动和海面全面的升降运动，以及在低纬度和高纬度地区存在着海面差异运动等可能性。问题是复

"海侵海退"，海侵，海面相对于陆地上升时，海水进入并淹没陆地的现象。海退，海面相对于陆地下降时，海水从淹没的陆地向后退缩的现象。

杂的，很难一举得到解决。不过，经过对地球上其他地区当时海侵海退现象做了初步的比较，特别是对古生代以后大陆上海水进退规程的初步探索，就得到了一种假说。这就是大陆上海水的进退，不完全像有名的奥地利地质学家苏士所提的那样，即海面的运动，或升或降，是具有全球性的，而是可能还有由赤道向两极又反过来由两极向赤道的方向性的运动。这个假说，又引起了一个问题：为什么海洋会发生这样具有方向性的运动？当时初步设想，这可能是由于地球自转速度在漫长的地质时代中反复发生了时快时慢的变化。这种设想，有没有点儿正确性，当然还存在着很多问题，不过，它对地质力学工作的开端，起了相当重要的启发作用。它的作用，在于提出了这样一个问题，即大陆运动，包括区域性的构造运动，是不是也会受到这种地球自转速度变化的影响呢？如果是的，如果构成大陆的岩石，受到了长期地应力活动的作用，它具有一定刚性和塑性的话，那么，当大陆和海洋发生南北向的方向性运动以后，在大陆上也应该留下相应的

"塑性"，在应力超过一定限度的条件下，材料或物体不断裂而继续变形的性质。在外力去掉后还能保持一部分残余变形。

痕迹。人们有时说，地质力学不管沉积，这是不符合事实的。

在 20 世纪 20 年代，关于大陆运动起源的问题，各个学派，甚至每个放眼世界的地质工作者，都提出了自己的看法，在这里不可能一一介绍，下面只能扼要地谈一下具有代表性的两大派意见：

传统学派，主张地球在它长期存在的过程中，由于逐渐失热或其他原因而收缩，以致海洋部分，特别是太平洋部分，显著地发生了沉降；而在大陆部分，总的趋向也是朝着地心下降，但在局部地区，也可能发生相对的上升下降运动，因之发生了褶皱现象和各种断裂现象。这一派的看法，是以垂直运动为主的，局部的水平运动是由于垂直运动而引起的次生运动。

另一学派，是主张以水平运动为主的。他们在认识了均衡现象的基础上，认为主要由硅铝层构成的大陆，是浮在由硅镁层构成的基底上面；并且认为大陆能够在它的基底上面和由硅镁层构成的海底上面，发生水平的滑动；还认为大陆的各部分，也能够发生

"褶皱"，由于地壳运动，岩层受到压力而形成的连续弯曲的构造形式。

大规模的相对水平位移。

大陆在地球表层中，究竟能不能够像冰山在海洋中那样，自由地漂来漂去，是个问题。即使主张大陆是可以漂流的人们，要说到大陆究竟怎样漂流，各家各派，都有自己的看法。归纳起来，主要可以分为三派：

人们最注意的一派，是以魏格纳大陆起源说为代表。实际上，在魏格纳以前，早已有人提出大陆漂流说。不过，魏格纳的提法比较全面，也比较系统，并且提出了比较多的证据来支持他的说法。其中显得比较突出的证据是：（1）在某些地质时代，地球表面上古气候带的巨大变化；（2）大西洋东西海岸线形状的相符性；（3）南北美大陆和欧非大陆上，特别是南美大陆和非洲大陆上，某些古生物群的密切联系；（4）南美洲和南非洲某些建造特点的相似性；（5）晚古生代南半球大陆，包括印度半岛在内的"冈瓦纳大陆"上冰川流动的方向；等等，都广泛地引起了人们的注意。

另一派，也和魏格纳大陆漂流说近似，其不同之点在于：约里提出了关于硅铝层岩石放射性作用和大陆表面形状的关系问题。约里摘取了构成硅铝层若干类型的岩石，来代表构成硅铝层的岩层，再根据那些有代表性的岩石的放射性矿物的含量，推算了硅铝层中，由于放射物质的自然爆裂，每年所产生的热量。据约里的意见，这个热量有一部分在地球的表层以下存积起来。经过这样的考虑，他估计每 2500 万 ~3000 万年内，大陆下部的岩层，例如玄武岩之类，就会被熔解。在大陆下部熔解了的状态下，由于月球的影响而产生的潮汐，就起了拖移大陆的作用。于是，大陆就搬家了，向海洋方向搬走；原来大陆的基底就露出了，并且逐渐冷却了。这样，就形成一次大规模的地壳运动。至此，地壳大运动的一次轮回也就告终，新轮回就从此开始。

还有一派，认为地球内部不断发生对流，轻的物质向上，较重的物质向下，其结果，在某些地带把大陆拖开，使它们分裂，海洋从而侵入。在分裂的那一方面，大陆的海岸留下张裂的痕迹，例如北美海岸以至内陆和西欧海岸以至内陆，就遗留着由于

约里提出了关于硅铝层岩石放射性作用和大陆表面形状的关系问题，他认为在大陆下部熔解了的状态下，受潮汐影响，就形成了一次大规模的地壳运动。

这种拖动而被拉断了的古生代山脉。在另一方面，大陆碰到了海底较重和较硬的硅镁层的抵抗，而发生了大规模的挤压现象。由于这种挤压，就形成了大型的地槽，以及由地槽转变过来的雄伟山脉。南北美洲大陆西岸的科迪勒拉地槽和安第斯、科迪勒拉等巨大山脉，就是这样形成的。这种看法的后一部分，即南北美大陆的东部和欧非大陆分裂，南北美大陆的西部向太平洋方面推挤，和上述两派的看法基本上是相同的。

各式各样的大陆漂流说曾轰动一时，但在所谓正统学派的顽强抗拒下，逐渐搁浅了。近年来，由于古地磁工作的发展，又有活跃的趋势。

在各个学派纷争的影响下，1926年，《地球表面形象变迁的主因》一文就被提出来了。这篇文章，在批判了一些传统学派的同时，根据大陆上大规模运动的方向，推论了那些运动起源于地球自转速度的变化，提出了"大陆车阀"自动控制地球自转速度的作用。这一套理论不是没有一点儿实践的基础，但是，这样立论，大体上说，也和其他各派的学说一样，在方法论上存在着很大的缺点。主要的缺点在于：用的资料不够广泛、不够细致、不够落实，而是片面地抓住一些事实，或者若干现象，参考一些第二手资料，就急急忙忙地提出大的理论来。实际上，这些所谓理论，是很低级的，也是很粗糙的。它们所依靠的证据，往往可以这样解释，也可以那样解释，不够严格，也不够严密。这是一个很深刻的教训，同时也积累了一些粗略而不是无益的经验，特别是让我们对大块大陆运动的方向性有所认识。这是地质力学发展过程中的第一个阶段。

地质力学发展过程的第二阶段，不是从结束了第一阶段才开始的，而是在第一阶段的后期，已经开始了一些零星的工作。那些工作主要是针对着区域性构造现象之间的相互关系。必须说明，这里所说的构造现象，是针对大型、小型、单式、复式的褶皱和各种断裂而言。这些形变现象，是当地地壳运动的陈迹，是实实在在的东西。所以，要了解当地所经过的地壳运动的程式，就必须对它们各自的本质、形成的过程和它们彼此之

"形变"，固体受到外力作用时所发生的形状或体积的改变。

间可能存在的联系有所认识。这样来看问题，就和在第一阶段中，只注重大块大陆的运动，根本有所不同了。

对构造现象本质的探索，是从认识一些个别的和特殊的现象开始的。起初，见到乌拉尔那样褶皱强烈的山脉，在东西两面的广大平原之间突起，好像一条长蛇，南北蜿蜒，这不能不说是欧亚大陆中一个突出的奇异现象。为什么有这样一条山脉？光说它是由一个南北向地槽在回返阶段中转变而成的，这只是把问题向后推了一步，并不能满意地回答，为什么在欧亚大陆之间，曾经存在着那样一个地槽。大家知道，乌拉尔山脉主要是在晚古生代经过一次巨大的构造运动而形成的一条山脉，很难设想，它是孤立的。实际上，在它的东西两面的广大平原——所谓俄罗斯地台和西伯利亚地台以南，还存在着相当复杂的一套弧形山脉：西边从高加索以西，东边到阿尔泰山系，都是属于被这套弧形山脉所穿插的地带。当时知道，这些弧形山脉之中，有些是大致和乌拉尔山脉同时产生的。虽然它们之间的距离相

比喻，运用比喻的修辞手法，将山脉比喻成长蛇，形象生动地写出了山脉的形状。

"地台"，是地壳上相对稳定的地区。由下层的褶皱基底和上层的沉积盖层两个构造层组成。

隔很远，走向也不同，但它们之间是不是有成生联系呢？这个具体问题的提出，实际上，是认识山字型构造的开端，也是认识构造体系的萌芽。光靠当时所掌握的事实，当然，还不能得出任何结论。这里谈这些经过，主要的目的，不在于这个设想正确不正确，而是想揭露当时如何冒着很大的危险，打开一条思路，到实践中去，认真地检验这种构造类型或构造体系的概念究竟行不行得通。

1928 年前后，在南京、镇江一带，初次发现了宁镇山脉这个大致东西向的弧形构造。它的弧顶位于镇江一带，向北凸出。在它的南面相当辽阔的平原中，出现一条茅山山脉。这条山脉的伸展方向，是大致南北的，它和宁镇山脉一起形成了一个构造体系。这个构造体系的特点，基本上和乌拉尔山脉及其以南的复杂的弧形山系所形成的构造体系相符合，不过具体而微，方位相反罢了。到这时候，对山字型构造体系的认识就进了一步，但还不够落实，还需要扩大范围，在野外进行大量的观测工作，看看是否

"山字型构造"，此构造形式因像汉文"山"字而得名。

"具体而微"，内容大体具备而形状或规模较小。

在我国境内还存在这种类型的构造体系。当时为了方便工作，暂把这个构造体系的南北向的组成部分称为山字型构造的脊柱，它前面的弧形构造带，称为前弧。

宁镇山脉—茅山这个山字型构造和横跨欧亚大陆的那个山字型构造，不仅规模相差很大，前弧凸出的方向相反，而且还有许多不同之点。这里就引出了一个问题：宁镇山脉—茅山山字型构造究竟是自成一个独特体系，还是另一个构造体系的组成部分？只有通过更广泛的实践，才能解决这个问题。

同年，在广西台地（那时不叫地台）东南西三面也发现了由复式褶皱构成的弧形山脉体系。它的弧顶位于宾阳县城东南，东翼以镇龙山—瑶山大背斜为主体，经贵县、武宣、象县与修仁等县，再走荔浦、灌阳，抵达零陵与道县之间的紫荆山地块；西翼以大明山背斜为主体，经上林、隆山、都安等县，继之循都阳山背斜，往西北进入贵州境内。当时设想，这可能是一个山字型构造的前弧。当年参加工作的同事们，满以为在柳州附近应该见到它的南北向脊柱，但是，事实不是这样。经过半年以后，这些同事们在广西北部工作，才发现了古老变质岩层构成南北延长的强烈褶带，确定了构成广西山字型体系的脊柱。

此外，还发现了淮阳山脉也是一个弧形构造。它的弧顶位于湖北黄梅、广济之间。它的北面就是一般称为淮阳地盾的地区。地盾的概念，阻挡了淮阳弧可能是一个山字型构造前弧的设想，也阻挡了我们认识宁镇山脉和淮阳弧的联系。在此，从地盾、地台等观点来分析地质构造，和从构造体系观点来分析地质构造，就发生了严重的分歧。淮阳山字型构造问题，直到中华人民共和国成立以后，才算得到了解决。

在 20 世纪 20 年代的末期，除肯定了几个山字型构造的存在以外，还发现了其他一些不同类型的构造体系。对这些不同类型构造体系的认识，模拟试验起了一定的作用。就当时所认识的构造类型和它们分布的范围、规律以及它们在地壳运动问题上的含义，在 1929 年做了一次总结。这个总结，概括了不同类型构造的特殊本质，明确了构

"地盾"，又称台盾，是指地台区中有大面积基底岩石出露的地区。通常具有平缓的凸面，长期稳定隆起，遭受剥蚀。

造体系的概念，测定了和每一类型构造体系有关地区的构造运动的方向和方式，推断了大陆和海洋运动的主因。这样，就为地质力学的初步建立打下了基础。

20世纪30年代到40年代初期，是地质力学在上述基础上有所进展的时期，也是以构造体系这个概念为指导，继续向着尚未研究过的或者尚未深入地研究过的各种具体的构造类型进行研究，找出它们各自独特的本质，修改、补充和丰富构造体系这个概念的时期。在这个时期，地质力学才开始走上了自己的道路。在地质学的领域中，逐步扩大了自己活动的范围，在越来越多的地区，发现了许多构造体系的定型性、定位性、定时性和在同一地区它们之间互相交错、部分重叠的关系，亦即复合的关系。

在企图进一步摸清那些构造体系特点的过程中，发现了东西构造带明显地与其他构造体系有所不同。因为它们的规模是宏伟的，结构是复杂的，并且看来它们都反复经过强烈的构造运动，影响地壳的深部。关于其他一些构造体系，在我国境内，当时显得

"东西构造带"，又称东西复杂构造带，指出现在一定纬度上规模巨大的构造带，在大陆上往往表现为横亘东西的山脉。

最突出的，有华夏系和新华夏系构造。前者走向东北－西南，后者走向北北东－南南西，包括大幅度的挠曲和小型雁行排列的多字型褶皱或断裂。此外，还有规模不等的山字型构造，它们的特点在于前弧一般向南凸出。这些不同类型的构造体系，往往显示它们对矿产分布的控制作用。例如，在东西带中，有时出现某些重型矿体；在新华夏系的拗褶地带，具有沉积某种矿产资源的条件；某些煤田分布的范围也往往受山字型构造的控制；等等。

　　到了这个阶段，地质力学已经不能停留在光是描述构造体系的特点上了，上述的那些构造类型都要求它对它们的起源提出合理的解释。例如多字型构造显然反映力偶的作用；山字型构造通过模拟实验和初步理论的分析，它的特征可以和平板梁在水平面上受力弯曲而发生的形变相比拟；诸如此类。其他的构造类型也都要求加以说明，在有关的地块中，地应力活动的方式。这就提出了一系列有关岩石力学性质的问题。根据野外的观测，岩层和岩块在受到地应力的作用下，

举例子，通过具体的例子，说明了不同类型的构造体系显示对矿产分布的控制作用，使内容更具有说服力。

"力偶"，指作用于物体上的大小相等、方向相反而且不在一直线上的两个力。力偶能使物体转动或改变转动状态。

有时表现弹性的反应，也有时表现程度不等的塑性反应。究竟是什么条件决定了同样的岩体显示这种不同的反应呢？在这里，地质力学就不得不进入弹性和非弹性力学的领域。这样，又进一步引起了一系列复杂的理论问题。要解决这些问题，很明显，需要从事实验工作，也需要把从实验中所获得的资料和实际的构造现象结合起来，从事岩石在自然界的力学性质和应力场的分析工作。

地质力学的工作方向是什么呢？请试着总结一下。

明确了上述地质力学工作的方向以后，在 20 世纪 40 年代的初期，地质力学这个名称才被正式提了出来。

1956 年在地质部成立了地质力学研究室，1960 年又改为地质力学研究所。从此，地质力学的研究工作，引起了广大地质工作者的注意，并且获得了迅速的发展。特别是近几年来，地质力学研究工作在同生产实践相结合、为生产服务的过程中，不但解决了不少生产实际问题，为社会主义建设做出了一些贡献；同时，在实践的过程中，也获得了大量的资料，证明了初步建立起来的构造体系这个地质力学的基本概念，是完全正确的；并且进一步把构造体系这个概念，落实到三大构造类型——东西向构造带、南北向构造带和各种扭动构造类型，以及每一类型共同的构造形态特征和它们独特的构造类型。现在看来，地质力学的领域是辽阔的，土地是肥沃的，大有开发的远景。

二、地质力学当前的任务和它面临的问题

从上面所谈的经过来看，地质力学可以说是在我国土地上生长起来的一门科学。在国外也有一些和它近似的学科名称，例如构造物理学、土力学、岩石力学、地力学（也可以译为地质力学）等，可是我们的地质力学和它们根本有所不同。我们应该树立雄心壮志，刻苦钻研，在我们的地质事业中，在地质科学中，让它不断地做出自己的贡献。

地质力学当前的任务是艰巨的，牵涉的问题是复杂的。这些问题，有的在它现今的水平上，只要我们推广运用，就可以解决；有的还需要经过长期的钻研探索，才有希望得到解决。总起来，可以归纳为三条：

（一）加强构造体系的调查研究，为指导找矿和解决某些水文工程地质问题提供

分类别，对地质力学面对的问题进行分类说明，可见其研究工作的认真。

依据。

构造体系这个概念是怎样得来的呢？从上面所谈的经过看来，它不是凭空设想得来的，而是总结各种构造类型，特别是扭动构造类型的规律性和普遍性而产生的。构造体系是个抽象的概念，这一种或那一种类型的构造体系和一个一个具有独特形态的构造类型，才是具体的东西。没有那些客观存在的东西，构造体系的概念是无根据的，是主观臆造的，是不能成立的。

对一个构造类型的认识，总要有一段实践的过程，就是说，要依靠不断总结广泛而又细致的野外工作。认识总是有个程度问题，正确的认识往往不是一举成功的。不但一个新型构造类型的发现，往往免不掉要走些弯路，就连确定了属于一个既知类型的构造类型，有时也要通过反复实践，才能确确实实地认清它的主要特点，即使认清了它的主要特点，那也不等于说彻底地认识了它，完完全全掌握了它的一切特点。

各种类型构造体系的规律性，往往为我们野外工作提供很大的方便。最大的方便

"臆造"，凭主观的想法编造。

是，你如若见到了一个属于某一类型构造体系的某一部分的特点，你就可以预见在某些地区或地带会有一定形式的构造现象——有时称为构造形迹出现。这种预见性，不但对我们野外工作起指导作用，同时对验证那种构造类型的存在，也具有重要的意义。预见不是<u>百发百中</u>的。经验告诉我们，有时我们根据一个构造体系某一部分的构造特征，就预言在某些地区会有某些构造现象出现，等到到了那些指定的地区去寻找那些预见的构造现象，它们却不见了，或者根本就不存在。在这种情况下，我们不用怪预见不灵，规律不对，而要怪我们过早地根据某些局部构造现象，对全部构造体系下了结论。这是失败的教训，通过这样的教训，我们更能够了解为什么要通过实践、认识、再实践的过程，才能得出比较正确的认识，才能最后鉴定某一个构造体系的类型。

是不是根据局部构造现象所做出的关于构造体系的错误判断，全是徒劳无益的呢？不是的。它是第一阶段认识过程的初步总结，它不一定正确，但它可能指引我们朝着

"百发百中"，比喻做事有充分把握，绝不落空。

认识一个新型构造体系的方向前进。只有通过实践，我们的眼界扩大了，我们的经验也丰富了，我们无须为此而感到悲观失望。

一个构造体系的建立，不能草率行事。根据几个构造单元组合体的共同特点和它们的排列方位等，可以试图建立一个独特的构造体系，但这只能作为认识一个独特的构造体系的第一阶段。在这第一阶段认识的基础上，还需要通过更广泛的实践，才能把一个构造体系确定下来。举个例子：在西北地区存在一些多字型构造，它们曾经被总称为河西系，多少与中国东部普遍发育的新华夏系成对称的形势。这个河西系，究竟能不能成立，还需要做大量的工作。

鉴定一个新型的构造类型，要求就更加严格了。几十年来，特别是中华人民共和国成立以来，由于地质工作者的共同努力，我们累积了一些经验，基本上肯定了若干重要类型构造体系的普遍存在。但是对它们的认识，并非处处达到了严格的要求，还需要对各个类型的组成成分和组合形式等特点，做更详尽的调查研究。如扭性断裂和张性断裂，在野外怎样有把握地区别开来，还需要找出可靠的标准；还需要解决在同一地区发育的每一对扭断裂的配套和转弯问题；还需要在全国范围内，乃至全球范围内，明确那些既知类型的构造体系，在不同地区和不同地质时代的分布情况以及它们之间的复合关系；还需要注意寻找新的、独特的构造类型。诸如此类问题还有很多，即使在现在的水平上，还需要做大量的工作。

为什么要这样严格、这样广泛、这样深入地去追求构造类型的特点、发生和发育的时代以及它们之间的复合关系呢？有两条主要的理由：（1）它们最确实可靠地反映地壳运动的规程；（2）它们在许多场合指明找矿和解决某些重大水文工程地质问题的方向。例如在一个构造体系中，断裂系统的分布规律和它们各个组成成分的封闭性或张裂性，对解决矿体勘探设计、煤矿坑道设计、储油构造的详察和开发以及其他与水文工程有关的地质问题，往往具有决定性的意义。第一条在另外一些地方谈过一些，以后如有机会再谈。第二条是联系生产实践的问题。人们

设问，提出问题并紧接着分两个原因进行阐释，阅读起来清晰易懂。

举例子，作者通过对江西908队成功运用构造体系分析的方法找到了许多矿点这一实例，说明了什么是"联系生产实践的问题"。

不禁要问，地质力学对解决生产问题，究竟有什么用处？我想，最好是让实际工作来回答这个问题。江西908队在这一方面的工作做得很出色。近两年来，他们运用了构造体系分析的方法，结合实际情况，终于发现了一条比较合适的道路，找到了许多矿点，并且在某些点找到盲矿体，探明了可观的储量。贵州某处，在新华夏系构造带中，S形和帚状断裂转弯处，发现了十多条富集的汞矿带。吉林某地找金矿未能完成年度任务，后来据说"运用了地质力学方法"，仅在一处就找到了纯黄金十余吨。青海共和县东南龙羊峡地区的构造类型分析，对建设一个大型水库，提供了基建设计必需的资料。广东新丰江地震问题，几年来，把摸清当地断裂系统的工作和微量位移以及地应力测量和地震仪观测工作结合起来，对当地地震的起因和规律，发现了一些苗头。现在我们在这点儿经验的基础上，向内地又投入了大批力量，开展了地震地质工作，为内地基建工作开辟道路。所有这些艰难的工作，都有我们进修班的同志参加，他们和其他同志一道，为完成国家给予的生产任务，贡献出自己的力量，并且还在继续做出贡献，这是使我们感到十分兴奋的。

（二）结合有关专业，多方面进行探索，扩大和巩固地质力学的基础。

上面提出的任务，主要涉及野外工作。我们要从实际出发，这是对的。野外是个汪洋大海，野外层出不穷的现象，归根到底，是我们向大自然做斗争的对象，那里充满着我们认识自然的泉源。可是，从我们的工作方法来看，野外观测毕竟只是工作方法的一个重要方面，我们还需要使用各种手段，运用近代科学技术中可以使用得上的各种方法，来解决实际问题和理论问题。

"应力矿物"的研究，是一种与地质力学有关的专业。这一方面的研究，与变质岩带的研究很接近，但研究的方法和目的不完全相同。如何把应力矿物的研究和结构面性质的鉴定工作联系起来，是不是有些变质岩带或构造岩带也形成定型的构造类型，值得做进一步的探索。

"绝对"年龄鉴定，作为一个专业，已经

比喻，运用了比喻的修辞手法，将野外比作"汪洋大海"，形象生动地表达了野外工作内容的丰富。

广泛地被承认了。在地质力学工作中，为什么也要搞"绝对"年龄鉴定，却不是尽人皆知的。我们搞"绝对"年龄鉴定的主要目的，在于确定一个构造体系组成部分之间的成生联系。在某些地区，一个构造体系的许多组成部分，往往穿插到时代大不相同的岩层、岩体中。在那种情况下，你怎么知道它们属于同一体系？例如对于一个山字型构造的前弧和脊柱的认识，经常遭遇着这种困难。如若用来做鉴定年龄的矿物标本选择得当，问题是不难解决的。

岩组分析，对于岩块内部某些矿物组合条理的辨识，是长久以来行之有效的方法。那种条理，除了由沉积和热影响所产生的以外，都是过去应力活动在岩石中留下来的陈迹。这正是地质力学所追求的东西。如何在适当的地点，适当地选择标本，来帮助构造体系的分析，还需要下一番功夫。

模拟实验，虽然不能称为一种专业，但从事这种实验，需要一定的经验，在技术和艺术方面，也有一定的要求。有些人过于轻视它，甚至菲薄它，也有些人过于倚重它，

"尽人皆知"，
人人都知道。

"菲薄"，瞧
不起。

这两种看待都不切合实际。当然，很容易理解，从模拟实验中所得到的东西，例如一种构造类型，和自然界的东西不是等同的。可是，经验告诉我们，从一块泥巴、一块柏油甚至浓度很大的乳胶等物质，经受了一定的应力作用而产生的形变，或者从一块塑料在应力作用下，它的光弹性所反映的变化，在我们认识许多构造类型或构造运动的过程中，确实起了相当重要的启发和辅助作用。在这里需要强调一下，我们从来不把构造类型的鉴定落实在模型上，而是要求落实在岩块或地块中出现的构造体系上。如若把模拟实验和应力场的分析工作结合起来，就更有意义了。

岩石试验，是了解岩石的力学性质，并且取得数据的手段。目前，我们还无法对广大的地区，用各种方式加力，像模拟实验那样，来进行综合性的实验。但是，我们可以用人为的方法，模拟岩石在自然界中存在的条件，对岩石试件加力，来检验它在结构上发生的变化。这种选择适当的岩石试件，在不同温度、不同围压的条件下，从事实验的

举例子，在这里，作者举具体的例子说明"模拟实验"中所得到的东西对认识构造类型或构造运动的过程起着重要的启发和辅助作用。

"围压"，指岩石的周围对它施加的压力，在地下深处岩石的围压，主要是由上覆岩石的重量所致，常称为静岩压力。

工作已经行之已久，而且就若干类型的岩石试件，取得了一些数据，例如有关它们屈服强度、破坏强度、弹性形变的限度、非弹性形变的程度、应力作用对它的电阻和传波速率的变化、浸透在岩石试件中的各种液质（如水或原油）对它的强度的影响、传热率和温差梯度在应力作用下的改变等，在不同程度上反映了岩石的力学性质。但是，必须指出，试件毕竟是试件，试件对应力的反应与自然界存在的岩石对应力的反应不一定是等同的。怎样把实验室中从试件得到的数据搬到自然界中去应用，是个相当复杂的问题。这个问题直到现在还没有完全解决。

岩层中的流变现象，很明显，是岩石在地应力场中非弹性的表现。一般地质工作者，对这种现象的认识，没有问题，或者问题很少。问题在于，在什么条件下，自然界的岩石发生了流变。很容易理解，高温和高压是促使岩石发生流变的重要因素。但在某种情况下，如在小型冰川的底下，温度肯定不高，压力也很可能不超过某些砾石的屈服强度，可是那里的岩石也往往呈现流变的现

"流变"，指在应力、应变、温度、湿度等外力作用下，物体发生的变形和流动现象。

象。这就迫使我们考虑到，应力，哪怕微弱的应力，在它对岩石长期作用的过程中，时间可能是导致流变发生的主要因素。这是一种揣测，也有人做了一些蠕变的实验，证明了在一定的范围以内，各种材料，包括岩石，蠕变是千真万确的事实，不过各种物质的蠕变限度不等，就岩石来说，初期的蠕变——有人称为一时的蠕变——是比较显著的，它有一定的限度，至于长期的蠕变、无限度的蠕变究竟怎样，我们现在还没有掌握实验的资料，这一方面的实验工作还有待发展，困难还有待克服。

古地磁的工作，在国外，绝大部分是利用某一地质时代的岩层或岩体的磁性南北向与现今当地地理上南北向的差异，来推断大陆作为一个整块转移的方向；也有时利用岩层中古地磁方向的转变，来验证有关岩层的对比。这些方法是可以使用的。但是，既然认定整块大陆的转动和移动可以由岩石磁性反映出来，那么，又怎么可以忽视，在一个地区，在扭动构造体系发生以前，各个岩带的地磁方位，在扭动以后，会发生转变的可

"蠕变"，指固体材料在保持应力不变的条件下，其变形随时间延长而增加的现象。

"古地磁"指人类史前（地质年代）和史期的地磁场。各地质时代的岩石常有一定的磁性，指示其生成时期的磁极方向。

能呢？这种可能性，正是地质力学需要寻找的标志。地磁的变化是极为复杂的现象，片面地利用某种关系，就对大陆块或其中一部分的运动做出结论，是不保险的。

大陆运动和海洋运动，是应该在地壳运动问题中相提并论的两个方面，也是不可分割的两个方面。但是，这两个方面的问题，从现象论来说，是各不相同的。因此，首先需要采取不同的方法来分别处理，然后再把分别处理的结果联系起来，找出这两种运动在实质上的统一性。

对处理海洋运动问题来说，我们可以采取两种不同的方法。一种方法是对海底的地貌进行考察。例如在广阔的太平洋中，已经发现了许多被割切而形成的平顶火山锥，名叫盖约特，它们的平顶今天沉没在海面以下 700~2000 多米不等。在太平洋的沿岸，尤其是在太平洋西岸一带，也就是亚洲大陆东部边缘的海中，曾经发现了许多古河床，它们今天沉没在海面以下 540~720 米、1300~1500 米、2000 米以上的不同深度。另一种方法是对大陆上各个地质时代海侵海退的范围和规程进行调查研究。这种调查研究工作，主要要依靠古生物学方面提供化石分带的资料。化石分带的问题，也就是地层分带的问题。根据过去的经验，这方面的问题是比较容易引起争论而不容易得到大家一致的结论的。

但是，在我们的国家里，有条件进行这方面的工作，并很有可能得出不可动摇的结论。例如在华南地区，晚古生代时期，有过相当广泛的海水进退运动，同时也有过强烈的构造运动。我们需要特别注意一场强烈地壳运动前后所产生的海相地层，并进行详尽的分带工作，才能证实当时的海侵海退现象究竟是否和地球上其他低纬度地区海侵海退的现象相符合，是否显示一定的规律性。华南石炭纪和二叠纪地层，对开展这一方面的工作，看来是可以考虑的对象。

关于大陆运动是否具有相应的规律性的问题，我们可以从构造体系排列的方位出发，再根据岩石力学性质、构造应力场的分析以及构造位移的测定，就能够比较正确地得出关于大陆上区域性运动乃至大陆整块运

举例子，通过华南地区的例子来说明海洋运动的问题是可以得出可靠结论的，使内容更具有说服力。

动的主要规律。根据已经获得的事实，这条规律是：大陆整块的运动和区域性或局部性的构造运动，一般都具有向西和向赤道方面推动的方向性，各种类型的扭动构造体系，也可以归纳到这两个方向的运动，它们是在不同的地区、不同的环境下所产生的变种。

如果通过更广泛的实践，进一步加深了我们对于东西向（纬向）构造带、南北向（经向）构造带和各种扭动构造类型等三大类型构造体系的方向性的认识，你就很难否定，大陆运动和区域性的构造运动与地球自转轴在方位上的联系。这种联系不是偶然的，而是必然的。推动这些运动的主力是从哪里来的？对这个问题，还存在着意见的分歧。地质力学认为，巨大的而又集中的和一些分散的纬向、经向构造带以及大批山字型构造都明确地显示，产生这些构造体系的动力，起源于地球自转速度的变化。关于这一点，以前已经反复有所论述，在此无须多谈。

海洋运动，对地球自转速度的变化无疑更为敏感。在地球自转速度加快时，全球的海面应该相应变得更扁，就是说，两极方

设问，引出下文地质力学家的回答。

面，海面下降，低纬度方面，海面上升。这种海面分异运动，可能持续到大陆运动和区域性构造运动将要达到高峰的阶段。到大陆运动和区域性构造运动达到了高峰的时候和在此以后，由于大陆整块滑动而发生了"煞车"的作用，以致一部分能量消失，它的角速度就不能不变小，因此，全球海面的扁度，也就不能不相应地变小。就是说，这时候两极方面的海面相对上升，低纬度方面，海面相应下降。当然，由于大陆上区域性的升降运动而产生的局部海侵海退现象，不在此例。这种海洋运动与大陆运动和构造运动的关系，应该对上述构造运动起源论提出有效的验证。

为什么地球自转速度会发生变化？在这个问题上，人们的意见分歧就更多也更大了。但是，地球自转速度可能发生变化这一点，各学派都很难否认。

大家知道，地球是个尚待开发的巨大热库，它的表层地温梯度平均每100米3℃上下，实际上，有些地方比这个数字大得多，有些地方比较小。是什么原因使局部地

"角速度"，描述物体绕圆心运动的快慢，这个比值叫作角速度。

温发生异常呢？在此简单地谈一下。局部岩体的传热系数、局部构造的特征、局部地应力的活动、局部岩层中所含的可燃性物质的影响、深部温度较高的水和气局部上升，对周围岩石的影响，等等，都值得根据实际情况进行探索，有可能在生产实践方面加以利用。因此，我们地质力学工作者不应该忽视局部地热异常的问题。

设问，运用设问的修辞手法，引出使局部地温发生异常的原因。

不管局部地热异常的原因是什么，总起来看，谁都不能否认，越到地球深部温度就越高。存在于太空中的这样一个热体，就不可避免地要失掉它的热能。但是，我们知道，地球表层岩石中含有大量放射性元素，在硅铝层中，钾、钍、铀之类尤其普遍。因此，有些人认为，地球的体温不是在下降，而是在上升；它的体积不是在缩小，而是在胀大。这种看法，与地球自转速度变化的推论有很重要的关系。由于我们对地球中所含放射性物质的总量，甚至对它们在地壳表层分布规律的无知，所以只从放射性物质发热的论点，我们很难断定地球究竟是在长期收缩的过程中，一次又一次经过膨胀的阶段，还是一直不断地在收缩，或者相反。

如若你根据上述传统的看法，主张地球冷缩说，那么，它的体积缩小，质量必然更集中，惯性动量必然减少，自转速度就必然加快；如若你主张海洋部分陷落，也会发生同样的后果；如若你主张地球内部物质不断发生分异运动，也会发生同样的后果；如若你相信地球内部发生对流，那么，当轻重不等的物质自下而上和自上而下对流的时候，它的惯性动量也不可避免地要发生变化，因而它的自转速度也不能不发生变化；即使你主张地球膨胀说，那么，胀大了的地球惯性动量不能不加大，它的自转速度就不能不变小。这是考虑地球内部可能发生的变动对它自转速度的影响。

还有，作为一个行星的地球，它的运动也显然不能脱离外界的影响。对它影响最显著的是离它最近的月球。大家知道，通过潮汐作用，月球只能使地球的自转速度变慢，而不能使它变快。虽然这种使它自转变慢的影响不大，但如若在地球长期存在的过程中，它继续不断地变慢，没有其他因素使它

"惯性"，物体保持自身原有运动状态或静止状态的性质，如行驶的机车刹车后不马上停止前进，静止的物体不受外力作用就不变位置，都是由于惯性的作用。

变快，它是不是会接近于停止自转？至少，在地质时代，从它的表面构造形态的变化规律、动植物群的生活状态以及冰期反复出现等事实，还找不着它的自转速度一直变慢的征象。

斯托瓦斯所搜集的大量资料表明，第四纪以来，除了个别地区以外，极圈的海面下降、近赤道地区海面上升。这样广泛的海洋分异运动，不像是由于局部地区升降而产生的结果，而是反映了我们现在正处在地球自转速度变快的时期。月球现在正在缓慢地离开地球，这也显示地球自转速度在加快。有人认为月球是从太平洋方面飞出去的，甚至说是白垩纪时代飞出去的。这种说法，未免走到极端，看来是不符合事实的。有史以来，地球各处陆续发生了极为强烈的地震，也说明许多构造体系还继续处在活动的状态，因此，地应力测量、地震地质的工作，具有特别重要意义。

（三）争取广大的野外地质工作者就地检验地质力学的某些概念和工作方法，并加以改进。

地质力学是一门边缘科学，它的一条腿站在地质学方面，另一条腿站在力学方面。反映地壳运动的一切现象，是它考察和研究的对象。由于地壳运动而产生的一切现象，包括构造体系的规律、海洋运动的陈迹等，是实际的东西，从地质力学整体来看，关于这些东西的知识是它主要的内容。按照认识运动的过程来看，我们必须把那些对于客观存在的感性知识，在主观方面加工，精炼出理性的知识。这就需要力学出来帮助，否则地质力学只能停留在描述现象的阶段，而很难揭穿那些现象发生的内在因素。这两条腿在地质力学的领域中，各自所占的范围，虽然有大有小，但它们之间的联系是密切的。大家知道，理论是实践的总结，它又转过来指导实践。我们用力学方法来搞点儿理论，不是为了别的，而是为了更深入地、更精确地认识地壳运动现象，更准确地掌握它的规律。那种为理论而搞理论的做法是空洞的，无所归宿的，即使你竭尽思虑去搞，终究也是行不通的，要是结合实际去搞，那就大有可为了。

"边缘科学"，以两种或多种学科为基础而发展起来的科学。如以地质学和化学为基础的地球化学，以物理学和生物学为基础的生物物理学等。

　　中华人民共和国成立以来，我国地质事业的发展，一日千里。地质力学这个学科也相应地得到了迅速的发展。但是，我们工作的进展还远远地落后于需要。为什么进展这样慢呢？有几条很明显的理由：第一，在我们这个号称地质力学研究所的机构里，工作做得不够，还不能够真正起到样板的作用；第二，地质力学可以说是一门土生的科学，过去，人们对土东西总有点儿不大瞧得起，搞土东西的人们，也不是经常能够充分发扬自力更生的精神；第三，由于面临着上面所说的情形，我们往往倾向于关起门来自己搞工作，即使有点儿心得也不大愿意向别人介绍，就是说，我们工作中有脱离群众的倾向；第四，有些搞地质力学工作的同志，对于自己的工作在生产实践方面可能发挥的作用估计不足，尤其是没有尽最大的努力，主动地同有关的生产单位密切结合起来，有效地解决生产实际问题；第五，有些同志错误地认为自己的数理基础比较差，缺乏搞地质力学的基础，即使去硬搞，也不会有什么前途，不如不搞。

上述的一些问题，有的不存在，有的正处在逐步克服的过程中。今后，你们和其他各方面从事地质力学的同志们，一定会把地质力学更广泛地带到群众中去，更深入地带到实践中去，更密切地和生产联系起来，更好地为生产服务。当你们回到自己原来的工作岗位的时候，应当依靠组织，是否可以划出一部分业务学习的时间来，邀集一部分同业的同志，在自愿的基础上，组成地质力学研究小组，结合本单位生产实践的经验或教学的经验，对地质力学的一些基本概念和工作方法加以讨论、检验和改进。让广大的地质工作者和即将参加地质工作的青年同志们，对地质力学中若干基本概念和行之有效的部分有所了解，有所认识。当我们向广大的地质工作者介绍我们自己的经验或自由探讨问题的时候，我们必须不骄不馁。"这里是两条原则：一条是群众的实际上的需要，而不是我们脑子里头幻想出来的需要；一条是群众的自愿，由群众自己下决心，而不是由我们代替群众下决心。"

"馁"，指没有勇气。

中国地势浅说

阅读指导

　　本文是李四光教授应北京大学地质研究会之邀，于1922年2月5日在北大二院第一教室所作的演讲。文章强调了"不能为已成的学说压倒"，要有"为真理奋斗"的治学精神。他认为，真正地做学问，既要尊重前人的研究成果，尊重事实根据，又要允许怀疑，提倡怀疑，因为"不怀疑不能见真理"。

"旧石器时代"，石器时代的早期，也是人类历史的最古阶段。这时人类使用的工具是比较粗糙的打制石器，生产上只有渔猎和采集。

　　本书讨论的问题，是中国地势的沿革，与中国疆域的沿革以及中国内部政治区域的沿革，是截然两道。疆域的沿革、政治区域的沿革，是人类发生以后的事——是人类有了政治的组织以后的事，所以这些问题，当然归历史学家研究。至若我们现在的问题，包括人类发生以前或人类在极幼稚时代——那就是与猴子时代相距不远的旧石器（Paleolithic）、新石器（Neolithic）时代，在我们现在所谓中国的这一块地域里的海陆陵谷之变迁以及气候之更迭等事实。总括这些变迁，似乎应有一个专门语，在未得妥当的名词以前，我现在试称为地势的沿革。那就是地质史的一个方面。研究这个问题，不待言是我们地质学家的事。

欧美各国的地质学家，关于他们本国地势的沿革，多少都有点儿研究。联合参详各处研究的结果，我们今天才知道我们人类的祖先还未到这个世界以前，世界上已经有了许久许多的沧桑之变。然而关于我们中国这一大块地皮，除了几个好事的、冒险的欧美人外，竟然没有多少人过问。我们现在关于我们自己国家里地势的变迁的知识，大半是由这些冒险家得来的。他们对于学术上既然有如是的贡献，现在我便趁这个机会，把他们几位的名字举出来，聊以表示我们感谢的意思。

1862—1865 年，美国的庞佩利（R.Pumpelly）可算得上是头一个到中国来研究地质的地质学家。他所研究的领域，大半限于内蒙古及东北各省。三年后，德国的李希霍芬（F. V. Richthofen）就到中国来着手他的毕生事业。与李希霍芬前

"新石器时代"，石器时代的晚期，约开始于八九千年以前。这时人类已能磨制石器，制造陶器，并且已开始有农业和畜牧业。

后同时有大卫（A. David），他曾经到过内蒙古、江西，并横越秦岭东部地区；又有金斯米尔（T. W. Kingsmill），曾在长江流域调查；又有比克莫尔（A. S. Bickmore），曾由广东走到汉口。他们虽然多少各有点儿贡献，然而与李希霍芬却是不可同日而语。

1877—1880 年间，奥地利的洛克齐（L. Loczy）随着施曾彝（Széchenyi）的科学调查队，由长江下游穿过秦岭，入甘肃，沿南山（即祁连山）东北麓行进，转折经过四川北部、西部，再由云南的西部而到缅甸。当时内地风气不开，地方自然不免有仇外的情形。据说洛克齐曾经遇到过种种困难。再数年后，俄罗斯地质学家奥勃鲁契夫（V. A. Obrutchev）往来于南山数次，并历四川北部及内蒙古等处。1898 年，福德勒（K. Futterer）由新疆穿过沙漠，复由甘肃过秦岭，出长江下游。其采集的材料颇为可观，可惜未加以详细的分析和编纂。其余如林斯（F. Leprince Ringnet）、罗伦斯（Th. Lorenz）、福格尔桑（K. Vogelsang），对于中国东北部及川鄂毗连各属，均各有研究，尤以罗伦斯在山东调查研究之结果，在地层学上最为重要。

　　当这些学者在那里做断断续续的调查研究的时候，李希霍芬发表了许多关于中国地质的论文，并陆续刊发他的名著《中国》（*China*）。这一部书，一直到今天，都算是关于中国地质的最重要的著作，可惜书未写完他本人就去世了。1903 年，美国地质学家威利斯（Bailey Willis）和布莱克威尔德（E. Blackwelder）受卡内基学院（Carnegie Institute）的委任，来中国调查地质。他们在中国不过 5 个月，曾到山东、辽东，又由河北南部入山西东部，经过唐县、五台、忻州、太原、西安，复由西安穿过秦岭，经过川东鄂西诸属，至宜昌终止。他们此次研究的成绩，以他们所费的时间而论，可算得不少。

　　至若中国西南各省地质的情形，大半是由法国人考察出来的。最初有湄公河的调查队，后来又有雷克勒（Leclère）及雷当诺（Lantenois）的调查队。1910 年，戴普勒（J. Depart）对于云南东部的地质，似乎费了一番力量，外间对于戴普勒之为人，虽有种种物议，然而他所编的报告，究竟未可一概

这些地质学家在中国的时间很短，就取得了不少成绩，这给我们什么启发？

"物议"，众人的批评。

看看我们的地球　**129**

轻视。

近 20 年来，日本人对于中国的地质，往往有所著述，其中以横山、矢部、后藤、早坂、小野诸氏著作较多。他们的著作，大都是东京大学理科报告。我们可在日本地质学杂志、地质学报及其他一二流大学的报告中，寻出他们的著作。这都是不乏价值的东西。

以中国人研究中国地质而有成绩可考者，据我所知，自丁文江、翁文灏、章鸿钊三先生始。自北京地质调查所成立以来，我们关于中国地质的知识，大有日新月异之势。但是我们中国的面积，如此之大，考察出来的结果，如此之少，要想讲讲中国地势的沿革，谈何容易。所以我们现在所能讨论的，只是一个简而又简的概略。至于详细的情形、确实的证据及还有许多其他方面，则不能不待我们自己发奋有为，到各处观察，仔细研究。

可以供我们讨论的材料的来源，大致如此。现在我们应当进一步划定讨论的范围，那就是我们所讨论的地势沿革应从什么时代

"日新月异"，每天每月都有新的变化，形容进步、发展很快。

起。据数十百年来地质学家的观察，我们现在视为千古不变的山川岩石，无一时一刻不在变更。不过它们变得极慢，所以大家都不知不觉。又据种种地质学上的事实，我们敢断言地面变更的情形，在人类出现以前，有许久的时间与我们现在目击的变更，无论就种类而论，还是就程度而论，都无极大的差异。这就是匀和的学说，创于赖尔（Charles Lyell）。他认为，地球表面是在不断地发生缓慢的变化。我们谈地质史最重要的根据，就在这个原则的身上。然则我们现在不能不问，这种匀和的变更是无始无终的，抑或是到了一定过去的时代，匀和的原则就不能适用了？如若从今日起，向过去推去，推到一定的时代，当时变更的结果与现今截然不同，那时致变更的原因亦必不同。那是匀和的变更，在地球上从那时才开始。<u>我们地质学家考究一地的地质史，也只好从那时起。比喻历史学家考究一国一民族的历史，只好从那一国一民族初有历史的记录那一天起。</u>

关于匀和说适用的范围，自赖尔以后，学者主张颇不一致。极端主张匀和者，以为

作比较，将地质学家考究一地的地质史比作历史学家考究一国一民族的历史，说明匀和的历史变更是有据可依的。

"递积岩"，即沉积岩。

作比较，把地球所经历的若干时代比作中国历史的若干朝代，给读者留下具体而鲜明的印象。

列图表，使读者直观、一目了然地了解按照地质划分的时代。

递积岩初发生的时候，就是匀和的变化开始的时候。这种主张，不过是一个主张，我们颇难判断它的是非，也不必判断它的是非。

古生物学家和地质学家依古代生物继承的情形及古代地壳极显著的鼓动，将海陆划分以后，直至今日，地球所历的时间，分为若干时代，正如历史学家将中国历史分为若干朝代一般。学地质学的人大概都知道的，这些地质时代如下表所示。

时代名目		距现今的年数（以百万为单位）
新生世	最新（Pleistocene） 更新（Pliocene） 次新（Miocene） 少新（Oligocene） 初新（Eocene）	约1.0 约2.5 约6.3 约8.4 约30.8
中生世	枯烈纪（Cretaceous） 侏罗纪（Jurassic） 三叠纪（Triassic）	— — —
古生世	二叠纪（Permian） 葭蓬纪（Carboniferous）｝煤纪 泥盆纪（Devonian） 志留纪（Silurian） 奥陶纪（Ordovician） 寒武纪（Cambrian） 亚尔艮纪（Algonkian） 玄古纪（Archaean）	— 约146 — — 约209 — — 710

在学过地质学的人看来，有时代的名目便够了，然而未曾学过地质学的人看了这些

名词，如未学历史的人看了周宣王时代、罗马恺撒（Caesar）时代等名目一样，没有什么意义，所以我把这些时代到今天大概的年数举出来。这些数目，是从含放射元素的矿物推算出来的，并不可靠。之所以列入表中，不过借以表明年代之长。上面所列的各时代，都有特别的岩层及生物群为代表，最要紧是上面各时代的次序。我们人类初发生的时期，现在虽不能十分断定，然顶古也不能过"更新"期。新生世之初，才有哺乳动物发生，二叠纪时鸟始生，志留纪时鱼始生，寒武纪初组织较完全的动物如三叶、腕足类、珊瑚类始出现，而以三叶为最盛。寒武纪以前，亦当有初级的生物生存于世，然而留下的遗迹极少。这是生物学、地质学上极有趣的一个问题，而在中国北方研究要算正好，因为中国北方寒武纪以前的岩石极为发育，并且有一部分未曾遭甚大的变更，如藏有化石，不难详考它的形状。

就我们现在地质学上的知识判断，匀和的变更，至迟也必不在亚尔艮纪以后。那么，我们现在讨论的范围，无妨就从亚尔艮

"三叶"，三叶虫，古节肢动物，有壳质背甲，体分头、胸、尾三部分，生活在海洋中，种类很多。繁盛于寒武纪至奥陶纪，在二叠纪末灭绝。

"亚尔艮纪"，亚尔艮纪现译为震旦纪，地质年代名称。

纪的末造起。

范围既定，关于我们研究的方法、讨论的根据，不能不略加解释。我有一位同事，他曾教授人类学，有一天他正好老老实实地把历史以前的人类的生活状态说了一番，说完了，有一位听讲的起来质问他，说："我们知道历史的事实，因为有史册记载可凭。你所说的历史以前的人类生活状态，既无记载可据，你何以知道？你的话我都不信！"我那一位同事生了气，以为这个人对于学术太无信仰，不足与之谈。我却以为那一位质问的先生倒很有道理，如若将他的疑问稍加分析，我们就知道他的用意是要问用什么方法、有什么根据，使我们知道历史以前的人类的生活状态。现在我们在讨论中国地势的沿革以前，似乎也应当把我们的方法说出来，并且同时把我们的根据撮要地摆出来。即令我们的推论结果不对，我们所举的事实还是事实，那些事实总是有用的。

讲地质学的人都知道一个老比喻，那就是我们脚踏的地层，好像是一册书，一层就是书的一页，书中有文字图画描写事实。地

"撮要"，摘取要点。

比喻，采用比喻的修辞手法，将地层比作一册书，形象生动地向读者展示地层的形象。

层由种种岩质造成，并有时夹着生物的遗体。我们知道现在地球上某样的地域，常有某种的岩石堆积成层。所以从过去时代所造成各地层质料的性质，我们可以推测当时岩层停积之处为何项地域，或为湖沼，或为河床，或为海湾，或为深洋。岩层中所夹的化石不独表示岩层生成之年代，并且有时亦能表示其生成的地域，因为大洋的生物群、浅海的生物群、咸水中的生物群、淡水中的生物群，各有特象。地质学家所当研究的，就是这些事。诸如此类，数不胜数。我现在不过举一二最显著之点，以求见信于非地质学家而抱怀疑态度的人。不怀疑不能见真理。所以我很希望大家都持一种怀疑的态度，不要为已成的学说压倒。

现在我可以讲中国地势的沿革了。头一件我们当注意的事，就是中国的地质构造可分为南北两部。秦岭山脉为天然的界限，秦岭以北称为北部，秦岭以南称为南部。中国南部地层的构造较为复杂，所以我们知道中国南方地势的变迁较为复杂；北方构造除西北一隅外，极为简单，所以我们知道北部海陆的变迁颇为简单。

玄古时代的岩石在中国北方露头甚多，在山东东部、东三省尤著。内蒙古、山西、河北各处都有露头。此项最古的岩石，威利斯和布莱克威尔德称为泰山杂岩。因为造成泰山的岩石，据布莱克威尔德的观察，都是属于这一类。泰山杂岩中夹着许多片麻岩。那些片麻岩，也许是沙泥质的变形。假若它们果真是沙质泥质的变形，那是在玄古的时代海陆早已划分，种种地质的变更，已经照常进行，但是它们原来是不是沙泥，还在未定之天。即令是沙泥等质，即令它们足以表示玄古时代侵蚀的作用，然而那泰山杂岩中的各项岩石，都经过剧变，杂乱无章，由某种岩石的分配而断定当时海陆的分配，是绝对做不到的事，所以玄古时代中国的地势问题，我们现在尽可不必做无谓的讨论。以前所定讨论的范围，就研究的方法看来，实在是不得已而划定的。

"片麻岩"，一种变质岩，变质程度深，具有片麻状构造或条带状构造，有鳞片粒状变晶，主要由长石、石英、云母等组成。

"未定之天"，比喻事情还没有着落，或还没有决定。

侏罗纪与中国地势

阅读指导

　　本文为《中国地势变迁小史》的第六部分《侏罗纪以后中国的地势》一文的节选。文章介绍了在中国发现的新生世的停积物以及中国地势经历的新生世中期的变革等内容，一起来了解一下吧！

"赭"，指的是红褐色。

　　侏罗纪以后，一直到今天，在中国所生的地层极不完全。就是那枯烈时代（一名白垩时代），欧洲的海里造了几千尺厚的石灰岩和白垩。然而中国除四川赭盆中，多少有点儿淡水停积物以为这个时代之纪念以外，从未闻有何项枯烈纪的层岩。就现在我们的知识判断，中国本部绝无那时的海洋停积物可寻。

　　至若新生世的停积物，在中国已经发现的共有几种。那就是——（1）含煤层的泥砂岩。辽河流域、朝阳、抚顺等处的煤层有大部分属于这个时代。云南、内蒙古等处的也属于这个时代。(2)红砂岩。这种砂岩不独遍布于长江各省，就是北至甘肃、内蒙古，南至广东，都有它的代表。这里边发现了许多哺乳动物的化石。中国人向来把这些化石当药品用，巧名之曰龙骨龙齿。据许洛塞（Schlosser）、孔庚（Koken）诸氏的研究，这些龙骨龙齿，大半都是"更新"期的生物遗骸。有时也有"最新"期的生物遗骸。(3)瀚海层分布于内蒙古、新疆、甘肃各处。(4)湖沼停积。戴普拉曾经在云南东部，安特生（Andersson）曾在山西南部（垣曲）遇见这种岩层。(5)汶河砾岩。布莱克威尔德曾于山东的汶河流域及河北的宁山盆地遇见这种岩石。(6)黄土。遍布于秦岭以北。除以上所举的几种停积物以外，还有大堆的火山爆裂物，张家口外的火山岩流，就是最著名的。

自从侏罗纪的末期中国的地盘隆起后，中国已经成了一个大陆国，南北虽都有内海以及湖沼，然而都不甚深。地形平均甚高，所以侵蚀的力量甚烈。久之侏罗纪末期所造的山岳，如秦岭等，渐渐失却了崎岖之象，那时中国全国，可算得上一个高原。一直到

分类别，作者用这种方法，使读者详细了解中国新生世停积物具体有哪几类。

初新生的末期，中国还是一个高原，当然高原上有河流湖沼。

到新生世的中期——大约是"次新"的时代，世界又发生了地势大革命。欧洲产生了阿尔卑斯山脉，其影响及于全欧。亚洲产生了喜马拉雅山脉，中国的本部产生了两条山脉，并驾齐驱。这两条山脉，就是我们今天所看见的秦岭、南岭。因为这两条山脉发生，几条大河随着发生。到这时候，黄河、长江、西江的流域已经大概定了——那就是与现在差不多了。此次变动，大概是由南方来的，因为此时所造的山脉，大概都是由西至东。这回革命影响之远大，绝不亚于泥盆纪初的喀道利呢大陆改革、煤纪中的赫辛尼大陆改造。

此次变动的结果，不仅是地面山川的改造，就是内部的地层也产生了许多很大的裂缝，并且有许多地盘陷落。于是火山爆裂，岩汁迸出。内蒙古南部，展眼数千百里，都是一片焦灼之象，辽河以东、东南海岸各处，时时亦有岩汁火灰喷出。不独中国如斯，就是西北欧，由英国西北部一直到冰岛

"并驾齐驱"，比喻齐头并进，不分前后。也比喻地位或程度相当，不分高下。

（Iceland），也是火焰不熄。地力的运行，可谓极一时之盛。

经这次剧变之后，中国的风景迥不如故。北方除了几个浅湖以外，都是平原或高原，南方山环水曲，森林遍地。所以性好原野的动物如马类（Hipparion）都来栖息于北方；而性好卑湿、森林的动物，如鹿豕之类，繁殖于南方。据许洛塞的研究，它们的祖宗也许是由北美洲来的。

"卑"，（位置）低。

地上的变更，不遑宁息，新造的高山渐被摧残。所生砂土，都转到附近的湖沼或海湾里去，于是红色砂岩产生。到了"更新"期的末造，世界的气候慢慢地变冷。北美、北欧雨雪较多的地方，成了一个漫天漫地的冰雪世界。中国那时的气候如何，颇难断言。据我去年发现的几件事实推测起来，中国的气候也应是极冷，北部并有冰川流动，但是这个问题究竟如何，还待一番研究。

"不遑"，来不及；没有时间（做某件事）。

自从冰期以后，人类渐渐进步，在生物中称雄。因为中国北部的海渐渐枯竭，气候渐渐变干，风吹尘土，转扬几千百里。于是秦岭以北，大部分渐埋没于黄土之下。这种黄土，今天还在转移生长。

新生世中期大革命以后，中国的地势并不十分安定。中部的秦岭，恐怕还是继续地隆起。因为长江在四川赭盆的东部向地势较高的地方流动，水只能往低处流，所以能穿过高地者，必是先有河流而后地面上升。河流侵蚀的速率，与地面上升的速率相等或较大，所以水能流过。其余还有许多同样的证据，表示地壳近世的变迁，现在我们不必一一详论。

总观几万万年的历史，我们现在知道我们中国这一块地皮，并不是生来就是这样的，至少经过几次大改革。我说大改革，仿佛给人一个骤起骤落的观念。这个观念是完全错了。我们要知道一两百万年，在地质学家心目中，只当寻常人心目中的一两天或一两月。地质学家的近世至少要与历史学家的"盘古"以前相当。所以就是过去时代有极快的变更，绝不是整个的山海忽然不见了。现在就有许多事实，表示我们现在所居的时代，就是一个地势大改革的时代，即此可想象过去大改革的情形如何。

"骤"，突然；忽然。

我一场话虽然多少有点儿根据，然而不过给大家一个概念。可惜我们所知道的地层学上的事实太少，不能把我们的讨论弄得更有趣味，若是严格地讲起来，我们中国地势的历史还是黑暗的。要把这个过去黑暗的中国弄得大放光明，那是全赖我们大家将来的努力。

这里的"黑暗"是指当时的地质学家对地层学的研究结果还不够丰富，亟需更多的努力。

古生物及古人类

阅 读 指 导

　　本文为《天文·地质·古生物资料摘要（初稿）》一书的第四部分。文章主要从原始生命形态的遗迹、动物界的第一次大发展、植物界的第一次大发展、古生物工作中涉及进化论的一些主要论点、人类的出现这五个方面进行论述。较为清晰地阐明了古生物和古人类的发展历程。

一、原始生命形态的遗迹

（一）前寒武纪。

开门见山地
指出地球上出现
了有生命的物质，
这是地球发展史
上一件了不起的
大事。

　　地球上出现有生命的物质，是地球发展史上破天荒的大事。最原始的生物是在寒武纪以前的时代开始出现的。那些原始生命形态的遗迹（化石）被保存在寒武纪以前的古老地质时代所形成的地层里面。

　　寒武纪以前所形成的地层，概括地说，可以分为两大部分。一部分为古老的变质岩系，包括变质沉积岩、变质极深的各种结晶片岩及各种混合杂岩等。这些古老变质岩的形成是从距今约 30 亿~20 亿年或更早的年代以前开始的。覆盖在那些古老变质岩系上面的，是时代较晚的轻微变质或基本上没有变质的沉积岩系。这一套岩系在我国发育完整，分布广泛，故名为"震旦系"，其所代表的时代则称为"震旦纪"。震旦纪大约开始于距今 10 亿（？）年前，其延续时间约达 4 亿年之久。在震旦纪地层上面的，就是寒武纪的地层了。

寒武纪的地层是最早的含有丰富生物化石的地层。它含有大量的动物化石，如三叶虫、腕足类及古杯海绵等。有一些古生物工作者认为，这些大量的和较高级动物不可能是骤然发生的，在它们之前，一定还会有和它们相类似但较为低级的动物，代表在它们之前的发展阶段。这些更早的动物一定生活在寒武纪以前的时代。为了证实这个想法，人们曾做出不断的努力，要从寒武纪以前的地层中找到化石。

如前所述，寒武纪以前的那些古老变质

古生物工作者的认识不是凭空而来的，是从过去的实践中总结而来，为了证实这一认识，他们又要投入到新的实践活动中去。

岩系，经过多次强烈的地壳运动，以致支离破碎、结晶变质，即使当初含有生物遗体或遗迹，也必然被摧毁，极难从其中找到可以鉴定的化石。但以后在那些古老变质岩系的上面，发现了震旦纪的地层（在外国也找到与我国震旦纪地层相当的岩系），它是基本上没有变质的沉积岩系，厚度有时达到数千甚至一万多米。震旦纪岩系的发现，燃起了人们寻找寒武纪以前的化石的希望。

有人曾根据生物的发展观点，将已知的寒武纪的动物加以分析概括，从而推论出寒武纪以前的动物群应该是由无壳的原生动物、硅质海绵、原始腔肠类、环节蠕虫、无铰合构造的腕足类以及某种类似三叶虫但更原始的节肢动物所组成。但多少年来，在世界各国的寒武纪以前的地层（包括震旦纪地层）中所搜寻到的，只是残缺而贫乏的原始生命形态的遗迹，远不足以证实这个推论。

（二）震旦系及与其相当的地层。

在震旦纪的石灰岩及白云岩中比较常见的，是具有同心圆构造的化石。大多数古生物工作者认为它是蓝绿色藻类的群体的钙质分泌物，故又把这种藻类叫作钙藻。

1922年我国地质工作者在北京西北的南口地区考察地质，通过仔细观察，明确了钙藻中的"中国聚环藻"在震旦系南口灰岩中的层位，并发现了另外两个新种，以后被分别定名为"筒状聚环藻"及"棱角聚环藻"。1924年，我国地质工作者又在长江三峡地区发现了相同的钙藻化石。以后在我国华北及西部不少地区的震旦纪石灰岩中，都陆续找到了这类化石。

华尔科于1906年在美国蒙大拿州的柏尔特系（相当于我国的震旦系）地层中采集并描述了钙藻的许多新种。据雷蒙的意见，其中有些是可疑的，可能是无机质的结核。

最古老的原始植物化石为一种细菌，是在美国密歇根州休伦系（大致相当于我国的滹沱系）的铁矿层中发现的，呈杆状，在高倍显微镜下才能看见，很像现代的"衣细菌"。据说是铁细菌的一种，能将水溶液中的铁质分泌出来，使其沉积成铁矿层。

1915年华尔科用高倍显微镜观察从美国蒙大拿州基维诺组（相当于我国震旦系）石

"显微镜"，观察微小物体用的仪器，光学显微镜主要由一个金属筒和两组透镜构成，通常可以放大几百倍到几千倍。还有电子显微镜等。

灰岩中发现的"微球菌",其直径仅为 0.001 毫米。

对于上述这些细菌,既缺乏坚硬组织又如此细微,竟然能从寒武纪以前到现在仍保存到可以鉴定的程度,有人(如美国的雷蒙)持怀疑态度。但也有一些人认为寒武纪以前的古老岩系中含有的大量石灰岩、石墨及一些铁矿,是属于有机成因的岩、矿,是通过当时水体中大量细菌及藻类这些原始生物分泌作用而沉积起来的。例如苏联的维尔纳茨基、别尔格和斯特拉霍夫都认为庞大的"前寒武纪"含铁石英岩矿层是由铁细菌形成的。

从蒙大拿的"前寒武纪"石灰岩中,华尔科又曾找到一些没有定型轮廓的化石碎片,认为是与"翼鲎"或"板足鲎"相接近的一种节肢动物的甲壳。爱基渥次、大卫等从澳大利亚"前寒武纪"地层中所获得的所谓"节肢动物",据雷蒙说,可能是同样性质的东西。

在苏联,在乌拉尔西坡的里菲界(相当于我国的震旦系)及西伯利亚的震旦系中,

"鲎",节肢动物,头胸部的甲壳略呈马蹄形,腹部的甲壳呈六角形,尾部呈剑状,生活在浅海中,俗称鲎鱼。

也找到钙藻并分为许多属、种，而总称之为"叠层石"。据说在南乌拉尔里菲界的叠层石中曾找到可疑的微体生物化石。

以上是讲的植物化石，下面我们转到动物方面。

在北美洲，主要是在加拿大南部及美国西部，更先后找到零星的动物化石，其中有些也是可疑的、有争议的东西。在北美洲，对"前寒武纪"化石研究最早、致力最多、费时最久的，还是前面已经讲到的那位美国"权威"华尔科。而对他的工作成果持怀疑甚至否定态度的，则是他的后辈——另一位美国人雷蒙。有关动物化石的发现简述于下。

海绵化石——1911年，华尔科曾描述，在加拿大南部安大略的阿瑟港附近，在"前寒武纪""陡岩系"的石灰岩中所获得化石标本，将其与寒武纪的一种海绵相比较。以后被证明是无机物所形成，不是生物化石。但华尔科曾报道在美国西南部大峡谷地区（相当于我国震旦纪）的上部地层中，发现了据说是真正的海绵骨针。

"海绵"，低等多细胞动物，多生在海底岩石间，单体或群体附在其他物体上，从水中吸取有机物质为食。有的体内有柔软的骨骼。

腔肠动物（水母及其他）化石——据说在美国大峡谷"前寒武纪"地层中曾找到过水母化石。从芬兰东部"前寒武纪"石灰岩夹层中，曾找到一种近于床板珊瑚的可疑化石。

环节动物（蠕虫）化石——华尔科曾描述从美国蒙大拿的"前寒武纪"岩层中找到的蠕虫爬行印迹及所掘的空洞。在我国南沱灯影灰岩中也曾发现过蠕虫穿过藻类所留下来的空洞。

在澳洲南部震旦纪地层中找到的化石，据说还有翼足类及原始的腕足类。

此外，在欧洲，许多年前，凯耶曾描述从布利塔尼（法国西北部）的变质岩中获得的许多放射虫、有孔虫及海绵，曾一度被广泛接受为"前寒武纪"化石，但也引起怀疑和争论。后来一个法国地质学家指出含这些化石的地层并非"前寒武纪"而可能是泥盆纪。因此，在欧洲曾轰动一时的"前寒武纪"动物群是不足凭信的。

（三）前寒武纪古生物的问题。

概括上述，从20世纪初期到现在（指到

"珊瑚"，许多珊瑚虫分泌的石灰质骨骼聚集而成的东西。形状有树枝状、盘状、块状等，有红、白、黑等颜色。可供玩赏，也用作装饰品。

"凭信"，指信赖、相信。

"孢子"，某些低等动物和植物产生的一种有繁殖作用或休眠作用的细胞，离开母体后就能形成新的个体。

作者成稿时的 1970 年），超过了半个世纪，人们已找到的寒武纪以前的生物化石，在植物方面仅为蓝藻、细菌及某些不能做确切鉴定的孢子；动物化石方面则为海绵骨针、腔肠动物（水母及另一种可疑化石）、环节动物活动时留下的残迹及翼足类与腕足类。门类虽然也不算少，但重要的问题是，这些零星残缺的生物遗迹，除钙藻外，都是极其少见的，而且它们绝大部分的真实性是有怀疑和争论的。这就使人们突出地感觉到，生物在寒武纪以前的数十亿年漫长的演化过程中，给我们留下的化石竟是如此的贫乏，这与寒武纪一开始就出现的颇为繁盛的和相当高级的生物群，远远衔接不起来。对这一现象如何解释呢？

在 18 世纪末叶，法国科学工作者居维叶提出了"灾变论"。他和他的学生迪奥宾尼认为在地质发展史中，地壳运动形成海陆升降的突然变革，或使海涸为陆并隆起为山脉，或使陆沉为海，每次都给生物带来一次灾乱，而这种灾乱使地球上一切生物灭绝，以后又由一种所谓新的不寻常的"全能的创造力"，将生物又恢复起来。他们还认定物种是永恒不变的，新的和旧的、高级的和低级的物种之间没有演化的关系。旧的物种在一次灾变中完全被灭绝了，以后由"全能的创造力"又创造出一些新的更高级的物种。按照灾变论的说法，则寒武纪以前的生物就可以认为是在一次地壳运动所引起的灾变中被毁灭得毫无踪影，寒武纪的动物则是以后由什么"全能的创造力"一下子创造出来的了。这是地地道道的形而上学的观点。随着生物科学的发展，特别是在达尔文的《物种起源》一书问世后，这一类带有浓厚宗教迷信的说法就越来越站不住脚了。

由于在我国以及其他国家先后发现基本上没有变质、适于保存化石的那一套寒武纪以前的地层（即震旦系），人们也不能再说寒武纪以前化石的贫乏是因为那个时代的地层屡经剧烈破坏，不能保存化石了，于是转到生物本身上来寻找原因，因而把注意力集中到另一方面的解释，即寒武纪以前的动物缺乏坚硬的钙质外壳或骨骼，即缺乏被保存为化石的条件，认为这是寒武纪以前化石特别

《物种起源》，是英国生物学家查尔斯·达尔文系统阐释生物进化理论基础的生物学著作，1859年11月24日在伦敦出版。

稀少的主要原因。

那么，为什么那时的动物没有钙质骨骼呢？对此，西方的学者根据某些片面的认识，曾试图做出各种解答，主要的可分为以下四种：

设问，引出下文西方学者的解答。

（1）因为寒武纪以前的海水中缺乏钙质；

（2）寒武纪以前的海水中含有较多的氯及其他游离的化学元素，使海水变为酸性，阻止了生物钙质骨骼的形成；

（3）现在能见到的寒武纪以前的地层都是大陆上的淡水停积物，而淡水含钙量很低；

（4）寒武纪以前的动物都是漂浮在海水表层的浮游动物，钙质介壳或骨骼太重，对浮游生活不利，因而没有形成钙质骨骼，只有到了较晚的寒武纪或更晚的奥陶纪，在海底生活的底栖动物才形成笨重的钙质介壳或骨骼。

关于前两种说法，只要看一看我国震旦纪的厚度大而分布又广的石灰岩层，就可以肯定那时的海洋不缺乏钙质。海水中既然含有大量的钙，也就不是什么酸性的了。

关于第三种说法，把寒武纪以前所形成的地层全部说成是大陆停积，是没有根据的。像我国的震旦纪石灰岩，与中、新生代陆相沉积的碎屑岩显然不同。退一步说，即使是陆相停积，也不能作为钙质骨骼不能形成的理由，因为我们知道，大陆上湖水及河水中的动物，如常见的淡水螺蚌，也具有钙质介壳，因而也能被保存为化石。

第四种说法是雷蒙及布鲁克斯所主张的。他们认为"前寒武纪"动物为适应浮游生活，故无钙质骨骼，但指出可以有较薄、较轻的几丁质或硅质骨骼。这个说法好像能说明寒武纪以前的动物没有钙质骨骼的原因，但并不能解答寒武纪以前的动物化石何以如此贫乏的问题。因为钙质骨骼固然是保存化石的良好条件，而几丁质的介壳也同样能保存为化石，寒武纪地层中保存得很好的大量的三叶虫以及常见的舌形贝，正是具有几丁质的外壳。那么，那些没有钙质骨骼但可以具有几丁质外壳的寒武纪以前的动物，为什么也不能像寒武纪的三叶虫及舌形贝那样被保存为化石呢？

设问，引出下文作者关于这一问题的解答。

如上所述，西方学者的种种解释，并没能真正地解答问题。其实，寒武纪以前生物化石的贫乏并不是什么奇怪的事，因为生物在萌芽和发展的初期，个体的数量就是比较少，分布的面积不广，分布的密度不大，因而能被保存为化石的机会就更少。虽然我们不能排除这种可能性，即今后随着地质、古生物工作的扩展和深入，还会在寒武纪以前的地层中找到若干零星的生物遗迹，但即使如此，由于寒武纪生物群的大发展，包括若干主要门类的生物（如三叶虫等）发展的飞跃，因而在寒武纪以前的古老时代与寒武纪之间，生物的演化是存在着一个很大的不连续（间断）。寒武纪以前的漫长的古老时代，是生物孕育、萌芽和发展的初期阶段，那时的生物群，作为整体来看，它的演化看来是缓慢的。这种长期的缓慢的演化，为生物体本身准备了质变的飞跃和大量繁殖的条件，因而一旦到达寒武纪，在适宜的外界环境条件（例如海水的温度、溶解的物质成分及营养物质等）的促使下，就出现一个大发展，从而产生了大量的、较高级的生物。

"质变"，事物的根本性质的变化。是由一种性质向另一种性质的突变。

想一想，我们为什么有可能根据不同的化石生物群来鉴别不同地层的先后时代呢？

生物发展的不连续性，在寒武纪与"前寒武纪"之间是异常突出的，但在以后的各地质时代这种不连续还陆续出现，使不同时代的生物群呈现显著的差异。总的说来，在每次不连续之后，就有更高级的生物通过质变的飞跃而出现，因而我们有可能根据不同的化石生物群来鉴别不同地层的先后时代。由于不同时代的地层往往含有不同的沉积矿产（例如震旦纪以前古老变质岩系中的沉积变质铁矿，震旦纪地层中的铁矿、锰矿，寒武纪早期地层中的磷矿，泥盆纪地层中的沉积铁矿，石炭纪地层底部的铝土矿，石炭—二叠纪及中、新生代地层中的煤矿、石油与天然气以及盐类矿产等），因而古生物学的工作，通过对地层时代的鉴别，在寻找矿产资源为社会主义建设服务方面，具有重大的实际意义。

二、动物界的第一次大发展

地球发展到了寒武纪时期（距今约6亿~5亿年），就出现了大量的、门类众多的和较高级的动物。寒武纪以前的生命的星火，到这时已成燎原之势。这是地球上动物界的第一次大发展，具有划时代的意义。

　　从化石来看，在寒武纪初期出现的动物，除脊椎动物外，几乎所有的主要门类都有了。其中最多的是节肢动物中的三叶虫，约占化石保存总数的 60%，其次为腕足类动物，约占 30%，其他节肢动物、软体动物、蠕虫及古杯海绵等共占 10%。

　　腕足动物是具有一对外壳的海生动物。软体动物中有头足类及腹足类。古杯海绵是固着在海底的一种古老生物，具有多孔的内壁及外壁等较为复杂的结构。蠕虫化石由于不易保存，比较少见。节肢动物除三叶虫外，比较常见的则为甲壳类的古介形虫。

　　寒武纪动物群中最为突出的是三叶虫，它是世界各地常见的化石。我国是产三叶虫化石最多的国家之一，从新疆到苏、浙，从东北到西南，自寒武纪到二叠纪的地层，都有三叶虫化石发现。目前已正式鉴定和描述过的计有 376 个属、1233 个种，还将继续有所增加，其中以寒武纪的为最多。

"燎原"，(大火)延烧原野。

"头足类"，软体动物的一类，在头部四周长着许多足，多数的壳长在体内，生活在海洋中。如乌贼、章鱼、鹦鹉螺等。

"腹足类"，软体动物的一类，头部有眼和触角，腹部有扁平肉质的足，多数有螺旋形的壳。如螺、蜗牛等。

三叶虫的种类繁多，形体大小不一，最大的可长达 70 厘米，最小的不足 1 厘米。绝大部分的生活情况是游移于海底，以原生动物、海绵、腔肠动物或这些动物的尸体以及海水中细小植物为食料。三叶虫是比较高级的节肢动物，如在我国寒武纪初期的页岩中经常可以找到的"莱得利基虫"，其躯体各部分结构已经分化得很好，有头部、胸部及尾部。头部结构复杂，有一对眼睛；胸部有十几个胸节；尾部由若干体节互相融合而成。头、胸、尾部都生有多节的附肢。其他如寒武纪中期的"德氏虫"及晚期的"蝙蝠虫"等，结构也都比较复杂。由于演化迅速，在不同的时期出现不同的种，故三叶虫成为对下部古生代地层特别是对寒武纪各期地层进行划分与对比的标准化石。

寒武纪早期的软舌螺化石，产于我国西南各省寒武系底部的磷矿层中，故这种化石可作为在西南各省寻找磷矿的标志。

正因为是动物界的第一次大发展，所以寒武纪的动物群一方面含有大量的较高级的动物三叶虫，另一方面也还在某些动物方面保留着一定的原始性。例如，这个时代的腕足类动物是以比较原始的具有几丁质外壳的无铰纲为主，软体动物也是细小的、比较原始的类型，如上述的"软舌螺"及"似海螺"等。这也说明了在同一时期不同门类的生物发展的速度不等，显示着发展的不平衡性。

生物演化的历程包括许多次飞跃，而每次飞跃就有更高级的生物出现并形成一次大发展，给当时整个的生物群带来崭新的、繁荣的面貌。在寒武纪以后，动物界还继续经历多次大发展，而在寒武纪的大发展，则不过是"春雷第一声"。例如，在奥陶纪突然繁殖的笔石群及大型的头足类直角石和珠角石等，在志留纪大量繁殖的珊瑚及腕足类，泥盆纪大量繁殖的水生脊椎动物鱼类，上部古生代繁盛的、具有纺锤形复杂外壳的原生动物蜓类，中生代的恐龙之类的大型爬行动物以及新生代的哺乳动物，如此等等。所有这些盛极一时的动物，都是经过质变的飞跃而产生并大量繁殖的。它们的出现，使不同时代的动物群具有不同的时代特征。

举例子，作者选取了各种具体案例来描写动物界的多次"大发展"。

三、植物界的第一次大发展

地球上的植物，是以最原始的形态先出现在海水（或其他水盆地）中。有漫长的时期陆地上基本上没有植物，几乎到处是童山和荒漠。大地换上绿装，是开始于泥盆纪（距今 4 亿 ~3.5 亿年前）。

在泥盆纪以前，主要是生长在海水中的原始的水生植物，一类是单细胞、单细胞群体且没有叶绿体的细菌和蓝藻；另一类是单细胞、单细胞群体或多细胞而具有叶绿体的其他藻类。在北京人民大会堂的大理石磨光的面上，有很多一环套一环的美丽花纹，很像是寒武纪以前的钙藻化石的各式各样的剖面。

我们知道比较确切的第一个相当繁盛的陆地植物群，就是泥盆纪植物群。也就是说，地壳发展到了泥盆纪，植物才大量从水中"登陆"，实现了从"水生"到"陆生"的飞跃，而随着这个水陆环境的变革，一些新的陆生植物迅速繁殖，并有原始的裸子植物出现。这是植物界的第一次大发展。

在泥盆纪早期和中期达到繁盛顶峰的植

"童山"，指没有树木的山。

"裸子植物"，种子植物的一大类，胚珠和种子都是裸露的，胚珠外面没有子房，种子外面没有果皮包着，松、杉、银杏等都属于裸子植物（区别于"被子植物"）。

物群，是以裸蕨为代表，称为裸蕨植物群。裸蕨是最原始的陆生植物，这种植物的根、茎、叶的分化还很不完全，没有叶子，只有枝的分叉，细弱的茎和枝都裸露，故得名。

具有叶子的植物（虽然是微弱的孢子叶），如鳞木植物中的原始鳞木，在泥盆纪中期已经大量出现了。值得我们注意的是，在泥盆纪晚期，也开始发展了高达数米的小型乔木或灌木，像种子蕨一类的植物。种子蕨一类的植物化石，是已发现的最古老的显花植物化石。

到泥盆纪晚期，裸蕨完全灭绝，代之而起的是大型的原始裸子植物，叫作古羊齿。这时很多植物已经是大型乔木，叶子发达，茎干粗壮，如鳞木类的圆痕木就是这时乔木的一种。这时丛林高树，呈现空前的繁荣景象。

对于泥盆纪陆生植物的迅速繁盛，人们往往感到是很突然的，因为在比泥盆纪更古老的地层中，迄今没有找到可以作为泥盆纪植物发展前一阶段的所谓过渡型的化石植物群。根据现有的资料，不仅太古代和元古

"显花植物"，开花、结实、靠种子繁殖的植物的统称，如桃、菊、麦等（区别于"隐花植物"）。

代只有原始海生菌、藻为比较可靠的植物化石，而下部古生代，从寒武纪一直到志留纪中期的植物化石，也仍然是以海生菌、藻类群为主。

从泥盆纪前的原始海生菌藻植物占统治地位转到泥盆纪陆生植物占统治地位，这种转化，是植物界发展中的一次大飞跃。因而，植物界的演化在泥盆纪以前的时代与泥盆纪之间，形成了一个明显的不连续（间断）。植物界在泥盆纪以前的漫长时期的演化，为某些类型的植物的飞跃发展准备了条件。志留纪与泥盆纪之间的地壳运动，使大陆普遍上升，海水撤退，海面缩小，因而原来为海，特别是为浅海的地区，变为低湿的平原或具有洼地的丘陵地带。这是促使那些本身具有一定条件、能适应这种环境变革的植物从水生转为陆生的外界因素。

想一想，那些本身具有一定条件、能适应这种环境变革的植物从水生转为陆生的外界因素是什么？

泥盆纪陆生植物的迅猛发展，只是植物界的第一次大发展，此后还有多次大发展。而每次大发展包括若干门类中某些植物的质变的飞跃，因而在每次大发展中就有更高级的植物出现。例如，在石炭纪、二叠纪构成茂密森林的鳞木、封印木、芦木、科达树、大羽羊齿等，在中生代特别是在侏罗纪最为繁盛的裸子植物，在第三纪最为繁盛的被子植物等，都是植物界各次大发展中的产物。它们的繁殖给不同时代的植物群带来不同的特征，因而我们能够利用这些植物化石来鉴别含化石地层的时代。由于这些古植物在一定的地质时代是"成煤植物"，我们可以把这些植物化石当作标志，来寻找各个产煤的地质时代的煤层。

四、古生物工作中涉及进化论的一些主要论点

生物工作者，很清楚不能撇开古生物的调查研究工作，他们借助于古生物学的资料，有力地促进了进化论的形成和发展。

生物界在过去曾受许多和地球本身的历史有关的改变，这种思想首先表现在法国科学工作者布丰（1707—1788）的著作中。按照布丰的意见，在地球上有了生物的时候，生活条件（包括地理和气候条件）的改变必

然反映在有机体的结构上，使有机体发生变异。这种见解可以说是进化论的开端。

与布丰同时的瑞典植物学工作者林奈（1707—1778）所倡导的"特创说"，认为万物既经创成，永久不变。林奈在当时声名很大，所谓"特创说"风靡全欧。当时教权仍极强盛，由于受到宗教监察的迫害，布丰在他出版较晚的著作中不得不删掉或修改与宗教相矛盾的部分。

布丰关于物种演变及从简单发展到复杂的见解，为法国著名的自然科学工作者拉马克（1744—1829）所广泛宣传。拉马克是古无脊椎动物学的创始人。他在1815年的著作中，将他的生物进化学说总结为四条：

（1）生命以其固有的力，趋向于不断地增大每个生物体的体积，并扩大生物体的各部分，直到它所达到的限度；

（2）动物机体的新器官的产生，是由于增加了使动物不断地感觉到一种新的需要的结果；

（3）器官的发展及其活动的力量，经常与其运用成正比例；

"风靡"，草木随风而倒，形容事物很风行。

（4）生物体的组织在个体生活过程中已经获得的、废弃的以及改变的一切性能，被保存下来并遗传给遭受过这些变化的个体的后代新个体中。

上述四条是互相联系、不可割裂的。第二条曾被称为动物器官根据"欲望"而演变的假说，这显然是把这一条和其他各条割裂而加以歪曲。因为拉马克并没有说动物的欲望直接影响它的形体，而是说变更了的需要引起生活习性的变更，从而导致新器官的形成或原有器官的改变。这可以同第三条即著名的"用进废退"定律联系起来看。按照拉马克的意见，动物的新的"需要"是由外界环境的变化所引起的。环境的变化导致动物活动的新方式，从而引起器官形体的增大或产生其他方式的器官能。反之，动物体其他部分的废而不用，就导致这部分的退化。只有这些有结果的实质的变异才被遗传，这就是上列的第四条，即获得性的遗传。拉马克举出了一些实际例证。例如，非洲长颈鹿的祖先，原来是颈子并不长的普通鹿，后来因气候变化，地上的草变少了，不得不经常伸

"遗传"，生物体的构造和生理机能等由上代传给下代。

"退化"，指的是生物体在进化过程中某一部分器官变小，构造简化，功能减退甚至完全消失。如鲸、海豚等的四肢成鳍状，仙人掌的叶子成针状，虱子的翅膀完全消失。

举例子，作者通过长颈鹿的例子说明了什么是获得性的遗传。

长颈子和前腿来吃树上的嫩叶，这样经过多少世代，颈子和前腿愈来愈长，终于形成长颈鹿。

拉马克虽然受了 18 世纪形而上学的思想教育，却敢于和当时占绝对统治地位的形而上学观点展开斗争。他反对林奈的"特创说"和居维叶的"灾变论"，打击了物种不变的观念。

与拉马克同时，以研究动物体内部结构为主的圣希雷尔（1772—1844），他有些见解具有生物进化论的思想因素。例如他认为在同一门范围内动物体结构上的变异，是由于外界环境的直接影响所起的作用。在这一观点上，圣希雷尔是达尔文主义的先驱者之一。但是，他所提出的关于全部动物界具有一个"原来的、统一的结构图案"的说法，却又违反了生物发展观点。

值得提出的是 1830 年 7 月圣希雷尔和居维叶这两个法国人之间展开的著名的论战。论战的主题是关于软体动物与脊椎动物的机体结构是否像圣希雷尔所说的为一个"统一的结构图案"问题。统一结构图案的说法，恰恰是圣希雷尔的错误的一面，论战的结果是形而上学者居维叶等人胜利了。但实际上适得其反。由于在论战中一些科学工作者和哲学工作者展开了一般原则性的争论，使进化观念的拥护者澄清了某些错误，找着了更正确的途径来证明他们的观点。因此，这次论战反而有助于以后进化理论的发展。这是居维叶所意料不到的。

在18世纪，瑞典人林奈对生物分类学做了大量工作。但他认为一切生物都是由神所创，各有天赋特征，固定不变。这就是上面已提到的"特创说"。居维叶在研究化石方面颇有建树。由古代生物的遗体或遗迹所形成的化石，本是生物演化的一种有力的实证，而居维叶则终生反对生物进化的理论。但和他的意愿相反，他自己在分类学、比较解剖学和古生物学方面的大量工作成果，却为19世纪后半期唯物主义生物进化学说的确立，提供了有力的根据。

在19世纪中叶，达尔文（1809—1882）一方面承继了布丰、拉马克等前人生物发展学说中的正确论点，并集其大成；另一方面

"适得其反"，结果跟希望正好相反。

"集其大成"，集大成，集中某类事物的各个方面，达到相当完备的程度。

看看我们的地球 **171**

通过他自己长期调查研究的创造性的实践，把生物发展的理论提高到更完备的、更成熟的阶段，确立了进化论。

下文从四个方面概括总结了达尔文学说，有助于读者理解该学说的主要内容。

达尔文学说的主要内容可概括为四部分：

（1）变异性与遗传性。肯定了变异性是生物的共同特性；变异的主要原因是生活条件的变化。引起变异的生活条件如果保持下来，这种变异就会遗传给后代，而且会一代一代地加强。这就是"变异累积定律"。

（2）人工选择，获得新品种。人类对那些产生符合人类需要的变异的家畜和作物，连续进行选种，使变异愈来愈显著，因而获得具有显著差别的家畜和作物品种。

（3）自然选择，适者生存。自然界中影响生物进化的要素和人工选择相类似。在自然条件下，由于生物彼此之间及生物与周围环境条件之间的复杂关系，在较长的时间过程中，那些较不完善的，即对环境的适应性较差的类型，就会逐渐被淘汰；那些较能适应周围条件的类型就会被保存并发展。

（4）新种的形成。在自然选择过程中，

逐渐发生性状差异的加强和累积，于是在一个种之内形成了各种不同的变种，变种之间的差异进一步加深，就成为各种不同的新种。

达尔文与拉马克的学说，在生物的发展观这个大方向上是一致的，在个别具体论点上还有不尽相同之处。例如，对于变异与遗传的解释，拉马克侧重在生物器官"用进废退"这方面，达尔文则较全面地阐明了自然选择的作用。

值得提出的是，德国动物学工作者海克尔（1834—1919）所建立的"重演说"，认为生物个体发育的各个阶段，是将这个生物所属的种族从远古祖先历代演化的一系列状态（历代变化，又称系统发生），在一定程度上重新表演出来。海克尔指出，个体发展的历史，是种或种族的发展历史的简短重复。各种多细胞动物的个体发育，特别是在幼虫时期，都经历大体相似的阶段，这表明了动物起源的共同性。海克尔的演说，有力地支持了达尔文的进化论。

自 1859 年达尔文的《物种起源》一书问

"变种"，生物分类学上指物种以下的分类单位，在特征方面与原种有一定区别，并有一定的地理分布。

作者用简明的语言阐释了海克尔建立的"重演说"。

世后，生物进化的思想逐渐为人们所接受。过去在一定程度上借助于古生物学资料而逐步形成和发展的进化论，以后转过来促进了古生物学的发展。但是，究竟是什么力量推动了生物的发展，这显然是进化论的关键问题。庸俗进化论者扩大了达尔文学说中的缺点，片面地强调外因的作用，否认内部矛盾是事物发展的根本原因，只承认事物的渐变，否认质变的飞跃，这是极其错误的。

与生物发展学说密切关联着的遗传学中，出现了一些不同的论点。有些形而上学的论点，例如认为各种有机体内都具有永生和不变的有机质，把它们的特点一代一代地传下去，这样就为资产阶级的"优生学"和法西斯的"种族主义"提供了一种理论基础，是极端错误和有害的，应予以严厉批判。不过那些论点同以化石为研究对象的古生物学关系不大，不在这里讨论。

举例子，用具体事例说明，遗传学中出现的一些形而上学的论点。

五、人类的出现

自然界中生物的发展，终于导致人类这

种能改造和征服自然的特殊生物的出现。

真正的人，能制造工具的人，出现在最近 100 万年之内。对悠远的地球发展史来说，100 万年只是一个很短暂的时间，但和人类有文字记载的历史相比，毕竟是太远了。人们总想弄清这 100 万年之内发生的事情。

最初，在世界各民族中都流传着关于人类起源的各种神话和传说。拉马克在 1809 年出版的《动物哲学》这本书里，指出人类是起源于类人猿，才开始突破了传统的神话传说，震撼了宗教迷信。达尔文在 1871 年出版的《人类的起源与性的选择》一书中，指出人类和现在的类人猿有着共同的祖先，是从已灭绝的古猿演化而成的，从而阐明了人类与动物的共同性，进一步奠定了人类在动物界的位置。伟大的革命导师恩格斯在 1876 年写的《劳动在从猿到人转变过程中的作用》的著名著作中，运用辩证唯物主义的观点，揭示了人类起源和人类社会产生的规律，提出了劳动创造人的科学论断。恩格斯不仅肯定了人类与高等动物的一般的共

"类人猿"，外貌和举动较其他猿类更像人的猿类，如猩猩、黑猩猩、大猩猩、长臂猿等。

同性，更重要的是指出了人类与动物最本质的区别，即人类能制造工具并使用工具从事劳动，来支配和改造自然，而一般动物则不能。本身具备着可能发展条件的人类的远祖，正是在一定的环境条件下从古猿分化出来之后，通过必需的生活活动，使前肢解放为手，用双手制造并使用工具来改造自然，在改造自然的进程中逐步改造了自身，终于由接近类人猿的原始人发展成为现代人。

人类的发展可以分为古猿—猿人—古人—新人这四个阶段。在我国发现的"中国猿人""马坝人"及"山顶洞人"，分别属于猿人、古人及新人阶段。实际上，每个阶段都包含着人类在发展中的一次质变的飞跃。

（一）人类发展的第一阶段——古猿开始从猿的系统中分化出来。

人类究竟是在什么时候从猿的系统中分化出来的呢？对于具体时间，现在还有不同意见，但都认为是在第三纪的某一个时期，可能是中新世或其前后，即在渐新世晚期到上新世早期，距今约3000万年到1000万年。至于能制造工具的人的出现，却在第四纪，

"新人"，人类学上指古人阶段以后的人类，生活在距今四万年至一万年前。如我国的山顶洞人。也叫晚期智人。

即在最近的 100 万年之内。从猿的系统分化出来之后，一直到能制造工具的人的出现，这一段漫长的过程，是真正从猿到人的过渡阶段。

在中新世或其前后，由低等猿类中分化出现了大型的类人猿。将现代类人猿体格结构的解剖性状与这种古代类人猿化石进行比较研究，可以知道古猿躯体各部分结构，是在高级动物中与人类最接近的。正因为古猿本身结构具有与人相接近的性状，在一定的外界环境的作用下，古猿才有可能离开猿的系统而向着人的方向发展。

在树居生活环境的影响下，古猿躯体各部分在漫长的岁月里继续发生着缓慢的演化。例如它们在树上生活时，常用前肢（手和臂）采摘果实和捕捉小虫，后肢（腿和脚）则紧握树的枝干以支持全身重量。又如，它们在树上依靠"臂行"来移动，即用前肢攀握树枝来移动身体。当用前肢向上攀缘时，后肢就会呈现直立的姿势。长期这样的活动，就引起骨骼和韧带结构上的某些变化，为手和脚的进一步分化及两腿直立行走的进

举例子，通过对古猿在树上生活的描写，说明其躯体是如何在漫长的岁月里变化的。

一步发展准备了条件。

依据古气候资料，可能是由于在第三纪早期即已开始的地壳运动，使大陆上升，引起气候及地形的变化，在第三纪中期，北半球中纬及南纬的广大地区，气候变冷和干旱，森林大片消灭。在第三纪中新世末期和上新世早期，古猿生活的地方已经不是大片连续的热带森林，而是有草原间隔的树丛。因此，古人类工作者认为，大片森林的消灭，是促使古猿从树上转到地面并逐渐运用两足行走以适应地面生活的外界因素。

古猿转到地面生活后，开始时可能像现代类人猿以半直立的姿势行走，即当后肢起立行走时，仍需弯着腰用前肢手指的背面着地来起支持作用。等到前肢离开地面，完全用后肢行走并支持全身重量时，前、后肢就发生了决定性的分化。从四肢着地到两肢直立行走，是古猿从猿的系统分化出来之后的一次质变的飞跃。

在欧洲和亚洲发现的第三纪上新世早期的"森林古猿"化石比较零星，多为牙齿和上下颌骨碎片，其中有的种类与现代的某种

"颌"，构成口腔上部和下部的骨头和肌肉组织。上部叫上颌，下部叫下颌。

大猿相似。另外，像在印度发现的某些古猿化石，就显示与人相似的性质。

在非洲发现的几种类型的似人似猿的化石，总称为"南方古猿类"。这类古猿化石是在第四纪更新世早期的地层中发现的，但它们向着人的方向发展，很可能是在更早的时期，即在第三纪后半期已开始，而一直生存到第四纪更新世早期。有的古人类工作者认为，南方古猿是生存在第三纪之末与第四纪之初。总之，根据目前的认识，南方古猿类是代表在猿人以前的人类发展阶段。

南方古猿的各部分化石骨骼都显示与人相似而与猿不同，而且所有骨骼的解剖性状，都一致表明它们已能直立行走，头脑较为发达，脑量（450~650毫升）高于一般化石猿类和现代类人猿。它们处在人类最原始的蒙昧时代，已经在生活活动中本能地使用石块、木棒等天然工具，但一般还不能制造工具。

在我国广西柳城和大新等地山洞中发现的"巨猿"（或称"巨人"）化石，根据其牙齿和下颌骨异常硕大等特点来看，可能是似人

"解剖"，指为了研究人体或动植物体各器官的生理构造，用特制的刀、剪把人体或动植物体剖开。

的古猿系统上灭绝了的一个旁支。

许久以来，能制造工具的猿人一直被当作最早的人类。至于南方古猿究竟是猿是人，则争论很久。目前古人类工作者已基本上一致认为，南方古猿在发展进程中已经经过从四足着地到两足直立行走的质变，应包括在人的范围之内。人类的范围因此扩大了，由于南方古猿远比猿人为早，人类的历史也因之大大延长了。

1959 年英国人利基在东非坦桑尼亚奥杜威峡谷发现了一个头骨，定名为"东非人"。产化石地层经过同位素年龄鉴定，证明"东非人"生存的时代是在 157 万 ~185 万年前。经过激烈争论之后，1961 年将"东非人"改名为"南方古猿鲍氏种"，即属于南方古猿类型。

1960 年利基又在发现"东非人"的同一地点发现头骨和其他骨骼化石，因层位比"东非人"稍低，当时曾称之为"前东非人"，1964 年又将正式学名定为"能人"。近年来有不少古人类工作者主张"能人"也应归入南方古猿类型，其生存时代更在"东非人"

"同位素"，同一元素中质子数相同、中子数不同的各种原子互为同位素。它们的原子序数相同，在元素周期表上占同一位置。如氢有氕、氘、氚三种同位素。

之前。

（二）人类发展的第二阶段——猿人。

猿人是第一次能用双手制造工具的人，他和那种只能本能地使用自然工具（石块、木棒）的一般南方古猿有了本质的区别。猿人能用双手制造石器，显示手的发展有了质变的飞跃。这种质变当然引起脑部以及全身各部分的相应的发展。

中国猿人（全名为"中国猿人北京种"，或简称"北京人"）在我国的发现，是对古人类学的一个重大贡献，发现于北京西南周口店的石灰岩洞穴中。从1927—1937年陆续发掘到头盖骨、下颌骨和许多牙齿及其他骨骼，中华人民共和国成立以后继续有发现。这些化石显示中国猿人头骨远比现代人低，头额向后倾斜，面部向前突出，眉脊高高突起，牙齿比现代人大而粗壮，脑量（1075毫升）则比现代人小，下肢骨基本上具有现代人的形式，前肢已发展为能制造工具的手，但股骨、胫骨的内部结构仍有若干原始性质，类似现代的大猿。

摹状貌，对中国猿人头骨、脑量、骨骼等作具体描写，使被说明对象更形象、具体。

根据猿人骨骼化石及和它们在一起发

现的兽骨和石器的研究，中国猿人生存的时代属旧石器时代的早期，距今约 40 万年前。他们结成原始人群，生活在猛兽环伺的山林和原野中。他们共同制造工具（主要是石器），用以狩猎和防御野兽并采集植物果实，栖息在山洞内，已能掌握和使用天然火。

在我国陕西蓝田发现的中国猿人蓝田种的头骨与下颌骨，与上述中国猿人北京种基本相同，但蓝田猿人生存时期较早，距今 60 万 ~50 万年。

在外国，有在爪哇发现的爪哇直立猿人，在北非阿尔及利亚发现的阿特拉猿人以及在德国发现的所谓海德堡人等。根据目前的认识，他们和中国猿人的生存时期虽然可能有先后参差，但都属于距今 50 万 ~40 万年以前的旧石器时代早期的猿人。

（三）人类发展的第三阶段——古人。

从体格的形态结构上来看，古人介于猿人与新人之间。在地质时代上，古人比新人早，生存的时代可能是在更新世晚期之初，距今 10 多万年以前，文化比新人原始，属于旧石器时代的中期。由于最早的古人化石

"参差"，长短高低、大小不齐；不一致。

是 1856 年在德国的尼安德特山谷中发现的，在人类学上常把古人化石统称为尼安德特人（简称"尼人"）类型。

根据典型的化石，古人的腿比现代人短，膝稍曲，身矮壮，弯腰曲背，嘴部仍似猿人向前伸出，也没有下巴的突起，所制作的石器比猿人的有很多改进，这说明古人的手部结构有了新的发展，因而更加灵巧，脑量（1350 毫升）比中国猿人的大些，脑子的结构复杂些，具有比猿人更高的智慧，可能已经会取火，能猎获较大的野兽，并用兽皮做简陋的衣服。和猿人相比，古人的劳动范围扩大了，生产力提高了。所有这些情况，都显示古人在发展的进程上比猿人又向前跃进了。

古人发明衣服和取火，是在人类发展史中继猿人创造石器之后的两件大事。因为，像我国关于远古的传说那样，"钻燧取火，以化腥臊"，就会扩大食物的范围；同时能制作衣服和随时随地能取火御寒，就能适应不同地区的各种气候条件，扩大了人类的活动领域，因而古人能分布在亚、非、欧广大地区。由于劳动协作的需要，在古人阶段的末期，应已具有形成原始社会的基本条件。由蒙昧的群居到社会组织的形成，是人类发展史上的一个非常重大的飞跃。

凸显了劳动协作对原始社会形成的重要性。

在我国已发现的古人化石，有广东曲江的马坝人、湖北西部的长阳人以及山西汾河流域的丁村人。这些化石的发现，显示当时华北、华南都有原始人类在生活着。马坝人和长阳人生活在江南时，江南气候温热湿润。在密林丛草中生活着大部分与现今在那里的相似的动物，如熊猫、犀牛等。丁村人生活在太行山西边的汾河流域，当时那里的气候比现在要温暖些，他们经常活动在汾河两岸的广阔地区，在那里制石器、取饮水、猎野兽。丁村人制作的石器，比中国猿人时期有显著的进步，出现了比较精细的石器，制作石器的技术有较大的提高。

（四）人类发展的第四阶段——新人。

新人是古人的后裔，但在发展上又有新的飞跃。这种飞跃首先表现在新人的体质结构和形态上，除去某些细节外，他们非常像现代人，已属于"智人"种，即现代人种。

摹状貌，对新人的身材、骨骼、脑量等作具体描写，使被说明对象更形象、具体。

新人化石所显示的体质特征是：身材比较高大；四肢的特点是前臂比上臂长，小腿比大腿长；直立行走的姿势和现代人一样，不像古人那样弯腰曲背；颅骨高度增大，额部隆起，下巴突出；平均脑量与古人相同，但大脑皮层的结构更复杂化。

新人开始出现于最近 10 万年之内，即更新世晚期的中叶，这时期的文化是处于旧石器时代的晚期。他们的分布比古人更为广泛，亚洲、非洲、欧洲、大洋洲和美洲，都发现了这一类型的人类化石。

我国发现的新人化石，在华北有周口店的山顶洞人，在华南有广西的柳江人和四川的资阳人等。这些新人化石头骨显示黄种人的特征。在法国发现的新人称为克罗马农人，则具有某些白种人（欧罗巴人种）的特征。

新人的劳动经验和技能有了更大的进步，会制造复杂的石器和骨器，是机智的猎人。他们取火烤煮食物，大大地减轻了用嘴巴撕咬生肉时的用力，因而原来向前突出的嘴巴向后退缩，相反在嘴巴下面出现了向前突出的下巴。山顶洞人的劳动工具有骨针，显示他们能用兽皮之类缝制衣服，比古人的那种简陋衣服应该有了改进。

由于劳动效率提高，新人开始能腾出时间来从事艺术活动。例如山顶洞人除了制作劳动工具之外，开始制造比较美观的装饰品，如穿孔的小石珠、挖孔的兽牙、磨孔的海蚶壳和刻纹的鸟骨管等。这些艺术品的制作，需要较高的技术。在欧洲（法国、西班牙、苏联）曾在新人（克罗马农人）居住过的洞壁上发现以动物为题材的壁画。

从新人阶段起，现代各主要人种开始分化出来。例如上述在我国发现的山顶洞人具有黄种人的特征，是蒙古人种的祖先；在法国发现的克罗马农人具有白种人的特征，是现代欧洲白种人的祖先。

人类文化的发展，经过新人阶段的旧石器时代晚期以后，先后进入新石器时代及金属时代，愈到后来发展愈为迅猛。从新石器时代的开始到现在至多不过一万年左右，金属时代的开始到现在不过数千年，人们开始利用电能到现在不过一百多年，原子能的利

举例子，在这里，作者用一些山顶洞人制造的美观的装饰品说明了新人所从事的艺术活动有哪些。

用则仅是最近几十年的事；而新石器时代以前的发展阶段，则动辄以数十万年到千百万年计。由此可见，人类的发展不是等速度运动，而是类似一种加速度运动，即愈到后来前进的速度愈是成倍地增加。

"加速度"，是速度变化量与发生这一变化所用时间的比值，是描述物体速度变化快慢的物理量。

如何培养儿童对科学的兴趣

阅读指导

该文于 1952 年 5 月 31 日发表在《人民日报》上。文章虽然不长，但反映了李四光教授关心中国下一代的成长，重视对少年儿童的教育，并指出首先应该是德育教育，然后是智育教育。文章体现了李四光教授对培养中国科技人才的长远目光。

要培养儿童对科学的兴趣，首先要培养儿童对祖国、对劳动人民的热爱。也只有具有这种热爱的人，才能无私地去钻研科学，用科学的成就来发展祖国的生产能力，提高文化水平，从而把那些宝贵的成就贡献给全体人类，丰富他们的生活。这样才能充分地发挥无产阶级领导的社会中儿童的高贵品质。这种崇高的品质，不是资产阶级社会中从事儿童教育的人们所能彻底了解的。

科学对于自然犹如战争中的武器。要想战胜自然，我们必须掌握这种科学的武器。

比喻，运用了比喻的修辞手法，将科学比作武器，凸显了人类掌握科学的重要性。

苏联伟大的生物学家米丘林说："我们不能等待大自然的赐予，我们要向它夺取。"为着使自然更驯服于人类的意志，我们必须从认识自然进而改造自然，而科学就必须在这样的过程中发挥作用。

　　应当使儿童从很幼小的时候起，就注意到自然的伟大。家庭和学校的教育应该培养儿童对自然的兴趣和改造自然的愿望。在儿童好奇探求自然界知识的时候，应该加以诱导，应当利用游戏和玩具来发展儿童对于自然的认识和创作的要求。譬如建筑的游戏，可以培养思考和想象力；沙土的游戏，可以初步地发展改造世界的要求和愿望；飞机模型的创造，可以增加儿童对于航空机械的兴趣；而庭园种植花卉的劳动、大自然中的旅行、工厂的参观，都可以培养儿童对于大自然的爱、对于祖国的爱、对于科学的兴趣。有许多儿童从小就有将来做科学家的愿望，这是好的，但必须好好地培养。我们科学工作者，应该帮助学校培养儿童对科学的兴趣。譬如与儿童会见，给他们讲科学发明的故事与新的科学成就，帮助儿童进行科学的

引资料，为了使说明的内容更充实具体，这里引用了苏联生物学家米丘林的名言。

举例子，作者以生物学家米丘林、生理学家巴甫洛夫一生的奋斗作为榜样，向读者们说明想要获得科学的成就，必须更艰苦和更坚决地努力。

实验和创造活动等。

中华人民共和国的儿童是完全有条件在科学上发展自己的才能的。为了获得科学的成就，我们还须更艰苦和更坚决地努力。苏联伟大的生物学家米丘林、伟大的生理学家巴甫洛夫一生的奋斗，对于这种必需的毅力，就提供了很好的榜样。伟大的无产阶级导师马克思、恩格斯、列宁的一生奋斗的事迹和伟大的理想，更辉煌地照耀着我们儿童们光辉灿烂的前途，我为中华人民共和国幸福的儿童们欢呼。